零基础学鸿蒙 PC
新一代国产操作系统

张云波 卓越 汤昊 著

电子工业出版社
Publishing House of Electronics Industry
北京·BEIJING

内 容 简 介

本书是一本系统、全面、实用的鸿蒙 PC 操作手册，旨在帮助用户从零开始掌握鸿蒙 PC 的各项功能与技巧。本书以"从入门到精通"为脉络，分为四部分：基础入门部分带领用户完成鸿蒙 PC 的初始设置与基本操作；日常使用与效率提升部分深入讲解个性化设置、多设备协同等核心体验，聚焦办公、娱乐等场景的高阶技巧；核心功能与进阶操作部分深入讲解网络连接、系统维护等核心体验；生态展望与资源部分则展现鸿蒙 PC 的未来潜力与生态应用。全书通过图文结合、步骤详解、实用技巧的方式，让用户轻松上手鸿蒙 PC，充分释放其智慧互联的独特魅力。

本书致力于让不同背景的读者都能轻松上手鸿蒙 PC，充分释放其澎湃动力，构建高效、智能、安全的个人数字空间，并洞见其在万物互联时代的无限可能。

未经许可，不得以任何方式复制或抄袭本书之部分或全部内容。
版权所有，侵权必究。

图书在版编目（CIP）数据

零基础学鸿蒙 PC ：新一代国产操作系统 / 张云波，卓越，汤昊著. -- 北京 : 电子工业出版社, 2025. 6.
ISBN 978-7-121-50617-8
Ⅰ. TN929.53
中国国家版本馆 CIP 数据核字第 2025S2A072 号

责任编辑：张 迪（zhangdi@phei.com.cn）
印　　刷：涿州市京南印刷厂
装　　订：涿州市京南印刷厂
出版发行：电子工业出版社
　　　　　北京市海淀区万寿路 173 信箱　邮编　100036
开　　本：880×1 230　1/32　印张：5.75　字数：150 千字
版　　次：2025 年 6 月第 1 版
印　　次：2025 年 6 月第 1 次印刷
定　　价：39.90 元

凡所购买电子工业出版社图书有缺损问题，请向购买书店调换。若书店售缺，请与本社发行部联系，联系及邮购电话：(010)88254888，88258888。
质量投诉请发邮件至 zlts@phei.com.cn，盗版侵权举报请发邮件至 dbqq@phei.com.cn。
本书咨询联系方式：（010）88254579。

前言

欢迎与概述

欢迎您开启《零基础学鸿蒙 PC：新一代国产操作系统》的探索之旅！无论您是第一次接触个人电脑的新朋友，还是希望从 Windows 或 macOS 等传统操作系统平滑过渡到全新鸿蒙 PC 的用户，或是对国产操作系统充满好奇、渴望全面了解鸿蒙 PC 操作与核心功能的学习者，本书都将是您理想的伙伴。我们深知，面对一款全新的操作系统，最初的探索可能伴随着些许陌生与困惑。因此，本书将秉持"用户为本"的原则，采用通俗易懂的语言、详尽的图文步骤以及丰富的实例，为您扫清学习障碍，助您轻松、高效地掌握鸿蒙 PC 的各项技能，让您尽享其带来的便捷与乐趣。

本书将引导您从最基础的开箱设置，到日常文件管理、网络连接、应用使用，再深入体验鸿蒙系统引以为傲的多设备协同、智能交互等核心功能。我们还将涵盖个性化设置、系统维护、安全防护等实用内容，力求全面覆盖您在使用鸿蒙 PC 过程中可能遇到的各种场景。通过学习，您不仅能熟练操作鸿蒙 PC，更能深刻理解其设计理念与生态价值。这款新一代国产操作系统将成为您数字生活中的得力助手。

本书的目标读者

本书主要面向以下几类读者群体：

- 鸿蒙 PC 初学者：首次购买或接触鸿蒙 PC，以及对操作系统基本概念和操作尚不熟悉的个人用户。
- 系统迁移用户：习惯使用 Windows、macOS 或其他操作系统，并希望了解鸿蒙 PC 特性并顺利完成系统迁移的用户。
- 鸿蒙生态关注者：对华为鸿蒙生态系统抱有浓厚兴趣，希望深入了解鸿蒙在 PC 端具体表现的学习者和爱好者。
- 追求高效体验者：渴望掌握鸿蒙 PC 独特功能（如智慧协同、AI 助手等）以提升工作和学习效率的用户。
- 国产技术支持者：对国产操作系统发展充满期待，愿意率先体验并支持鸿蒙 PC 的用户。

我们致力于通过清晰的结构、详实的步骤和直观的图示，确保每一位读者都能快速上手，并逐步进阶，最终成为鸿蒙 PC 的熟练使用者。

鸿蒙 PC 简介：开启全场景智慧新纪元

鸿蒙操作系统（HarmonyOS）是华为公司倾力打造的一款面向万物互联时代的全场景分布式操作系统。其研发的初衷，在于打破不同设备之间的壁垒，实现硬件解耦、弹性部署，让用户在不同场景下都能获得一致、流畅的智慧体验。鸿蒙系统基于微内核设计，这使其具备了更高的安全性和更低的延迟。其核心理念"一生万物，万物归一"，形象地描绘了鸿蒙系统连接多样设备、构筑统一生态的宏伟蓝图。

鸿蒙 PC，作为鸿蒙"1+8+N"全场景智慧生活战略中"8"个核心入口设备之一，承载着将鸿蒙生态的智慧体验延伸至个人电脑领域的重要使命。它不仅仅是一台搭载新系统的电脑，更是连接用户与数字世界的关键桥梁，旨在为用户提供一个自主可控、安全可靠、高效便捷的 PC 操作环境。根据华为官方资料，搭载全新 HarmonyOS 5 的鸿蒙 PC，将带来"精致流畅""AI 智能""全场景互联""纯净安全"的革新体验。这意味着用户将享受到更美观顺滑的交互界面、更懂你的智能助手服务、更便捷的多设备协同，以及更安心的数据和隐私保护。鸿蒙 PC 的推出，标志着华为在构建全场景智慧生态的道路上迈出了坚实的一步，也为全球 PC 市场注入了新的活力与选择（见图 0-1）。

图 0-1

如何高效使用本书

为了帮助您最大限度地从本书中获益，我们建议您了解以下使用方法：

- 循序渐进，按需阅读：本书的结构从基础入门逐步过渡到进阶操作，再到生态展望。如果您是初学者，建议从第一章开始按顺序阅读。如果您对特定功能感兴趣或遇到特定问题，可以直接跳转至相关章节。
- 理解特殊标记：在阅读过程中，您会遇到一些特殊的标记，它们旨在强调重要信息或引导操作

提示

提供实用的建议或额外的小技巧,帮助您更好地使用鸿蒙 PC。

注意

提醒您在操作过程中需要特别留意的事项,以避免潜在问题或数据丢失。

完成特定任务的具体步骤,通常配有截图来辅助理解。请务必对照这些步骤进行实践。

技巧

与"提示"类似,侧重于提高效率或发掘隐藏功能的方法。

- 图文并茂,动手实践:本书强调"图文并茂",每一项重要操作都会配有相应的界面截图或示意图。我们强烈建议您在阅读的同时,打开您的鸿蒙 PC,对照书中的图片和文字描述进行实际操作。亲自动手是掌握新系统的最佳途径。图片下方通常会有图注,用以说明图片内容。
- 善用附录:书末的附录部分包含了"常用快捷键汇总"、"常见问题解答(FAQ)"和"术语表(Glossary)"。当您遇到不熟悉的快捷键、常见疑问或专业术语时,附录将为您提供快速参考。
- 关注更新:鸿蒙系统仍在不断发展和完善中。本书尽可能基于最新信息编写,但技术的迭代速度很快,建议您同时关注华为官方发布的最新消息和教程,以获取最前沿的信息。

在本书编写的过程中,得到了陈亮、徐建国、熊文韬、郑茹娜、黄紫妍、秦浩、邬稚晖、刘庆峰、王稚砚、申登福、熊永俊的帮助,在此表示感谢。

我们希望本书能成为您探索鸿蒙 PC 世界的忠实向导,祝您学习愉快,使用顺利!

目 录

第一部分 基础入门：与鸿蒙 PC 的第一次亲密接触

第一章 初识鸿蒙 PC：从开箱到点亮屏幕 / 3

1.1 开箱与首次启动：开启您的鸿蒙之旅 / 4
1.2 桌面环境与基本交互：熟悉您的新伙伴 / 9
1.3 系统关机与重启：安全结束工作 / 15

第二章 文件管理与应用基础：构建您的数字空间 / 17

2.1 文件管理器详解：高效组织您的数字资产 / 18
2.2 应用商店与软件管理：拓展鸿蒙 PC 的功能边界 / 22
2.3 理解鸿蒙原生应用与兼容应用 / 24
2.4 内置核心应用初体验：满足日常基本需求 / 27

第二部分 日常使用与效率提升：鸿蒙 PC 助您事半功倍

第三章 个性化设置与界面美化：打造专属您的鸿蒙 PC / 33

3.1 桌面美学：壁纸与主题的艺术 / 34
3.2 显示与视觉效果：舒适您的双眼 / 36
3.3 声音与通知：掌控您的听觉环境 / 38
3.4 输入法设置与管理：流畅输入您的想法 / 40
3.5 节能与电池管理：延长续航，绿色使用 / 42

第四章 办公与生产力工具：打造高效工作环境 / 45

4.1 办公套件的安装与使用：流畅处理文档、表格与演示 / 46

4.2 高效沟通与协作：邮件、即时通信与会议 / 49

4.3 截图、录屏与批注：轻松捕捉与分享信息 / 51

4.4 思维导图与笔记管理：梳理思路，沉淀知识 / 54

4.5 时间管理与任务规划：保持专注与高效 / 55

第五章 多媒体娱乐体验：畅享影音与创作乐趣 / 57

5.1 视频播放与编辑：大屏观影，轻松剪辑 / 58

5.2 图片浏览、管理与编辑：珍藏您的美好瞬间 / 61

5.3 游戏娱乐：探索鸿蒙 PC 的游戏世界 / 63

5.4 音乐播放与管理：沉浸在音乐的世界 / 67

5.5 电子书阅读：享受沉浸式阅读时光 / 69

第六章 多设备协同与智慧体验：鸿蒙生态的核心魅力 / 71

6.1 鸿蒙生态互联基础：理解"一生万物，万物归一" / 72

6.2 PC 与手机/平板高效协同：打破设备边界，提升生产力 / 74

6.3 智慧语音助手小艺：您的贴心智能伙伴 / 80

6.4 超级终端（或其他类似互联中枢）：一拉即合，随心组合 / 85

6.5 其他鸿蒙特色智能体验 / 88

第三部分　核心功能与进阶操作：释放鸿蒙 PC 的澎湃动力

第七章　网络连接与畅游互联：打造无缝数字生活　/ 91

7.1　Wi-Fi 网络连接与管理：随时随地接入互联网　/ 92

7.2　蓝牙设备连接与管理：无线拓展您的操作空间　/ 96

7.3　有线网络连接：稳定高速的网络体验　/ 99

第八章　账户管理与云服务：您的数字身份与云端大脑　/ 101

8.1　华为账号：鸿蒙生态的通行证　/ 102

8.2　账户安全设置：保护您的数字资产　/ 104

8.3　华为云空间：您的个人数据保险箱　/ 106

8.4　[可选]多用户模式：共享 PC 的安全之道　/ 109

第九章　系统维护、安全与隐私：守护您的数字家园　/ 111

9.1　系统更新与升级：保持系统最新与最佳状态　/ 112

9.2　存储空间管理与清理：让您的 PC 轻装上阵　/ 114

9.3　备份与恢复：为您的数据保驾护航　/ 116

9.4　安全中心与病毒防护：抵御恶意软件威胁　/ 118

9.5　隐私保护设置：掌控您的个人信息　/ 119

9.6　设备查找与锁定：防止丢失与数据泄露　/ 121

第十章　网络高级设置与故障排除　/ 123

10.1　手动配置 IP 地址、DNS 与代理服务器　/ 124

10.2　使用网络诊断工具进行故障排查　/ 126

10.3　常见网络问题的分析与解决思路　/ 127

10.4　VPN 连接的设置与使用　/ 129

第十一章　常见问题与故障排除：您的随身技术顾问　/ 131

　　11.1　开机与启动问题　/ 132
　　11.2　系统运行与性能问题　/ 134
　　11.3　硬件与外设连接问题　/ 136
　　11.4　网络连接问题　/ 138
　　11.5　软件兼容性与安装问题　/ 139
　　11.6　数据丢失与恢复问题　/ 141
　　11.7　如何获取官方支持与帮助　/ 142

第四部分　生态展望与资源：鸿蒙 PC 的无限可能

第十二章　鸿蒙生态应用精选：拓展您的应用体验　/ 145

　　12.1　办公与生产力应用推荐　/ 146
　　12.2　创作与设计应用推荐　/ 149
　　12.3　学习与教育应用推荐　/ 151
　　12.4　生活与娱乐应用推荐　/ 153
　　12.5　工具与其他实用应用推荐　/ 156
　　12.6　如何发现更多优质鸿蒙应用　/ 158

第十三章　鸿蒙 PC 的未来与社区：共建共享新生态　/ 159

　　13.1　鸿蒙操作系统版本迭代与未来展望　/ 160
　　13.2　参与鸿蒙社区：与开发者和用户共成长　/ 163
　　13.3　为鸿蒙生态贡献力量：开发者机遇　/ 164
　　13.4　保持学习，探索更多鸿蒙 PC 的奥秘　/ 165

附录　/ 167

结束语/致谢　/ 173

第一部分

基础入门：与鸿蒙PC的第一次亲密接触

第一章

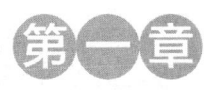

初识鸿蒙 PC：从开箱到点亮屏幕

欢迎您正式开启鸿蒙 PC 的探索之旅！本章将引导您完成从打开包装、首次启动设置，到熟悉桌面基本环境和掌握关机重启等一系列基础操作。这是您与鸿蒙 PC 的第一次"亲密接触"，一个顺利而良好的开端将为您后续的深入学习打下坚实的基础。

1.1 开箱与首次启动：开启您的鸿蒙之旅

当您拿到崭新的鸿蒙 PC 时，激动的心情无疑溢于言表。接下来，让我们一起小心地打开包装，看看里面都有些什么，并完成首次开机的设置流程。

开箱内容清单

通常，鸿蒙 PC 的包装盒内会包含以下物品。

- 鸿蒙 PC 主机：这是核心设备，不同型号的笔记本或台式机外观会有所不同。
- 电源适配器与电源线：用于为主机供电和充电。请务必使用原装适配器，以确保安全和性能。
- 数据线：附带 USB-C 数据线，可用于充电或数据传输。
- 快速入门指南与保修卡：简要介绍基本操作和保修信息，建议您妥善保管，以备后续查阅。
- 其他附件：某些型号可能附带鼠标、键盘、手写笔等配件。

在开箱后，请仔细核对配件清单，确保所有物品齐全。如发现任何配件缺失或损坏，请及时联系销售商或华为客服进行处理。

首次开机前的准备工作

在按下开机按钮之前，请做好以下准备。

- 连接电源：将电源适配器连接到 PC 主机和电源插座上。即使电池有电，首次设置时也建议连接电源，以确保设置过程顺利进行。
- 检查外设连接（如适用）：如果您使用的是台式机或需要外接鼠标、键盘、显示器，请确保它们已正确连接。
- 选择一个舒适的操作环境：确保您有一个稳定的桌面、良好的照明以及通风的环境。

首次开机引导与系统配置

一切准备就绪后，让我们开始激动人心的首次启动设置吧。

❶ 按下开机键，观察启动画面：首先，找到 PC 上的开机键（通常标有电源符号），短按一下。屏幕点亮后，您会看到品牌标志，紧接着便是鸿蒙系统（HarmonyOS）的启动动画（见图 1-1）。

图 1-1

❷ 语言选择与区域设置：系统首次启动时会进入设置向导。首先，请选择您希望系统使用的语言（如"简体中文"），然后选择您所在的国家或地区（见图 1-2）。

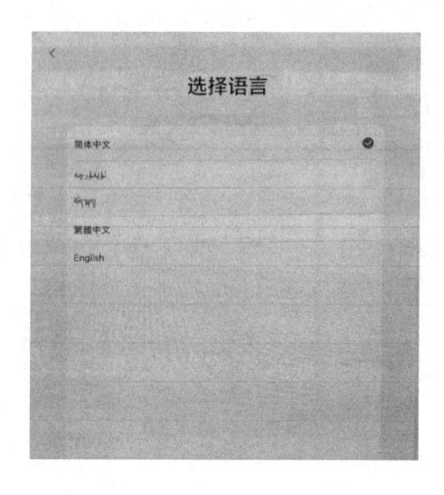

图 1-2

❸ 网络连接：系统会提示您连接到互联网。您可以选择一个可用的 Wi-Fi 网络并输入密码，或通过有线网络连接（如果您的设备支持且已连接网线）。稳定的网络连接有助于后续的账号登录和系统激活（见图 1-3）。

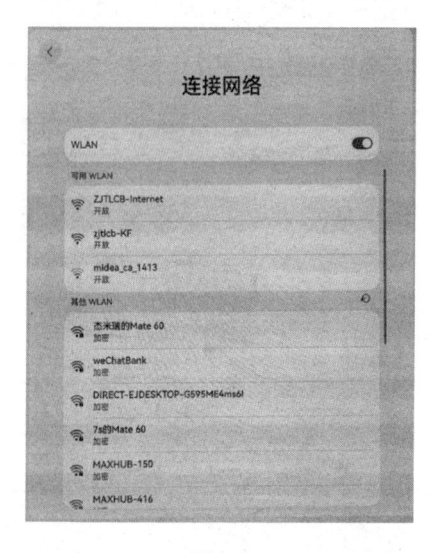

图 1-3

❹ 华为账号登录与创建：鸿蒙生态的许多功能和服务都依赖于华为账号。系统会引导您登录已有的华为账号，或者创建一个新账号。如果您已有华为手机或其他鸿蒙设备，强烈建议使用相同的账号登录，以便享受无缝的生态体验（见图1-4）。

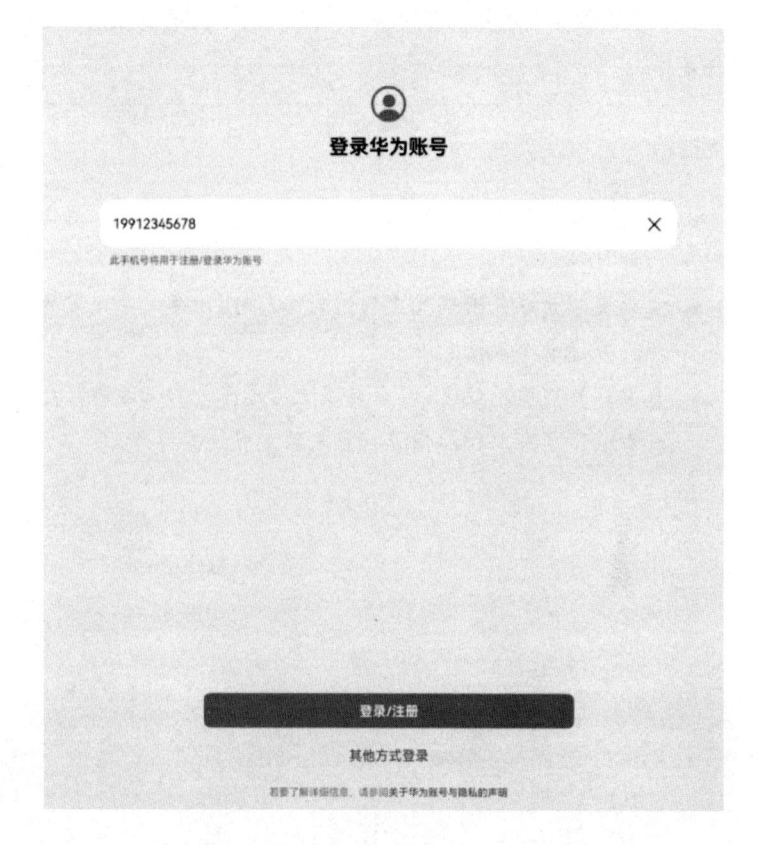

图 1-4

❺ 生物识别信息录入（视机型而定）：如果您的鸿蒙 PC 配备了指纹识别器或支持面容识别的摄像头，系统会引导您录入相关信息，以便后续快速、安全地解锁设备。

❻ 同意用户协议与隐私条款：请仔细阅读屏幕上显示的用户协议和隐私政策，确认无误后勾选同意。这是使用操作系统的前提。

❼ 其他个性化设置引导：系统可能还会询问您是否开启某些服务，如位置服务、用户体验改进计划等。您可以根据自己的需求进行选择。

> **提示**
>
> - 首次启动和配置过程可能需要几分钟，请耐心等待，确保电源连接稳定。
> - 在设置华为账号密码或生物识别信息时，请务必牢记您的密码，并注意个人信息安全。
> - 如果网络环境不稳定，部分在线激活或账号验证步骤可能会受影响，您可以稍后在进入系统后完成这些操作。

1.2 桌面环境与基本交互：熟悉您的新伙伴

完成首次启动设置后，您将正式进入鸿蒙 PC 的桌面环境。这是一个全新的操作界面，接下来让我们一起熟悉一下它的主要组成部分和基本交互方式。

鸿蒙 PC 桌面概览

鸿蒙 PC 的桌面设计秉承"精致流畅"的理念，力求简洁、美观且高效。根据华为官方介绍及相关报道，其桌面主要包含以下几个核心区域（见图 1-5）。

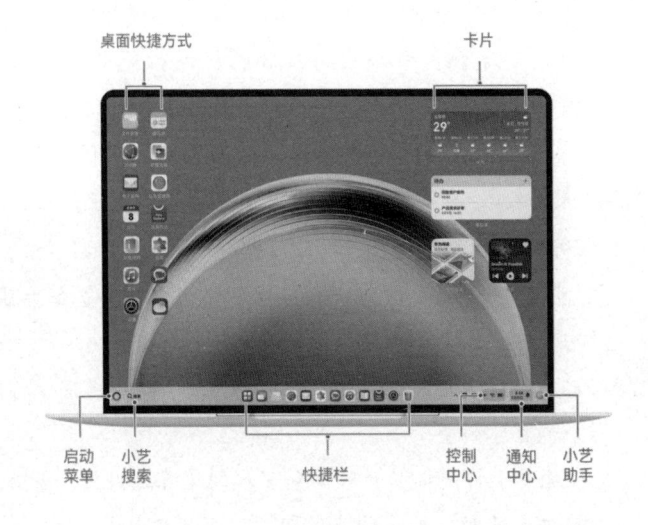

图 1-5

- 快捷栏：通常位于屏幕底部（位置可调），用于放置常用应用程序的快捷方式、显示正在运行的应用图标，并包含系统托盘区（显示时间、网络状态、电量等）。
- 启动器/应用列表：通过特定按钮或手势打开，显示所有已安装的应用程序，方便用户查找和启动。
- 控制中心：集中了常用的系统快捷设置，如 Wi-Fi、蓝牙、亮度、音量、飞行模式、护眼模式等，方便快速调整。
- 通知中心：汇总来自不同应用的通知消息，如邮件提醒、软件更新、系统提示等，方便用户统一查看和管理。

窗口操作大师

在鸿蒙 PC 中，应用程序通常以窗口的形式展现。熟练掌握窗口操作是高效使用的基础。

- 打开应用：可以通过单击任务栏上的应用图标，或从启动器中选择应用来打开。
- 窗口控制按钮：每个应用窗口的标题栏通常会有三个标准按钮。
  - 关闭按钮（通常为×形）：单击该按钮，关闭当前窗口。
  - 最小化按钮：单击该按钮，将窗口收起到任务栏，应用仍在后台运行。
  - 最大化/还原按钮：单击该按钮，使窗口铺满整个屏幕（最大化），再次单击则恢复到原始大小（还原）。
- 移动窗口：按住窗口的标题栏拖动鼠标，即可将窗口移动到屏幕的任意位置。
- 缩放窗口：将鼠标指针移动到窗口的边缘或角落，当指针变为双向箭头时，按住并拖动即可改变窗口大小。

- 多窗口排列：鸿蒙 PC 支持多窗口吸附或分屏功能。例如，将一个窗口拖动到屏幕左/右边缘，它可能会自动占据半屏，方便同时查看多个窗口（见图 1-6）。

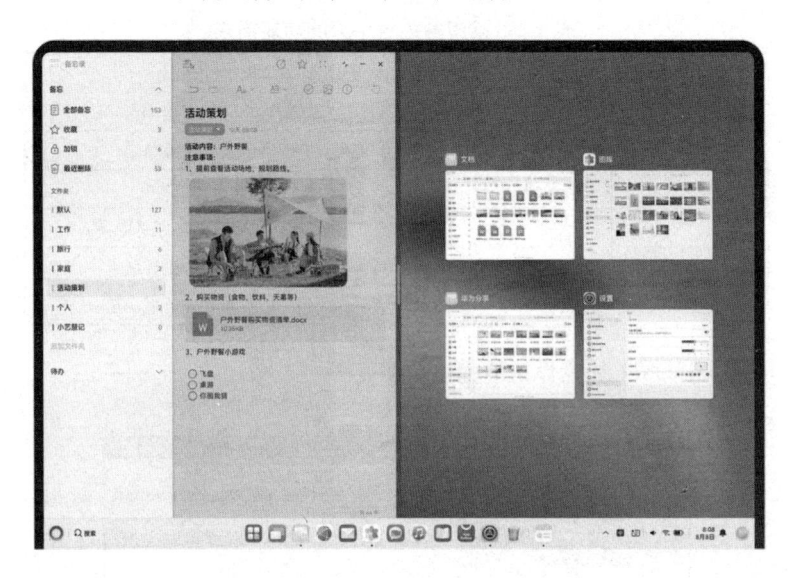

图 1-6

💡 桌面右键菜单

在桌面空白处单击鼠标右键，会弹出桌面上下文菜单，通常包含"显示和亮度""排序""新建"等选项。在文件或文件夹图标上单击鼠标右键，则会弹出针对该对象的特定操作菜单，如"打开""复制""粘贴""删除""属性"等。

💡 触控板手势与核心键盘快捷键入门

为了提升操作效率，鸿蒙 PC 支持丰富的触控板手势和键盘快捷键。根据华为官方信息，HarmonyOS 5 使手势操作更简单。

常用触控板手势的功能描述见表 1-1。

表 1-1　常用触控板手势的功能描述

手　势	功　能　描　述
单指单击	相当于鼠标左键单击
双指单击	相当于鼠标右键单击
双指上下滑动	滚动页面内容
三指上滑	回到桌面（或打开多任务视图）
三指上滑悬停	打开多任务中心界面
双指捏合/张开	缩放图片或页面

简单的手势操作功能描述见图 1-7。

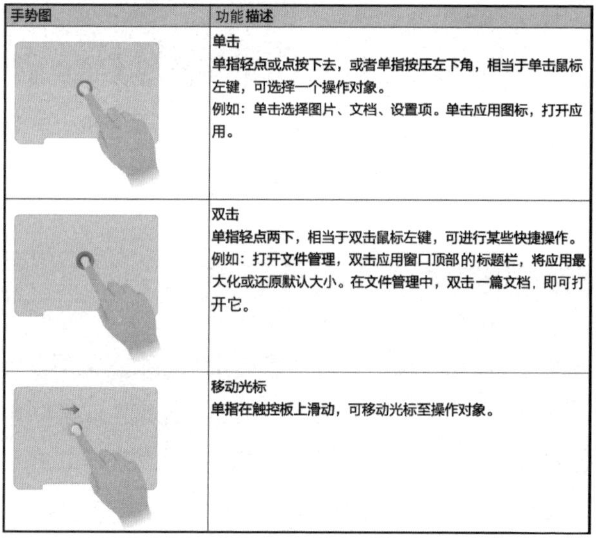

手势图	功能描述
	单击 单指轻点或点按下去，或者单指按压左下角，相当于单击鼠标左键，可选择一个操作对象。 例如：单击选择图片、文档、设置项。单击应用图标，打开应用。
	双击 单指轻点两下，相当于双击鼠标左键，可进行某些快捷操作。 例如：打开文件管理，双击应用窗口顶部的标题栏，将应用最大化或还原默认大小。在文件管理中，双击一篇文档，即可打开它。
	移动光标 单指在触控板上滑动，可移动光标至操作对象。

图 1-7

稍微复杂的手势操作功能描述见图 1-8。

第一章 初识鸿蒙 PC：从开箱到点亮屏幕 | 13

手势图	功能描述
	**呼出菜单** 单指点按右下角，相当于单击鼠标右键，可打开应用或系统的快捷菜单。 ⓘ 呼出菜单的方式默认为单指点按右下角，也可以根据需要更改设置： 单击桌面底部快捷栏中的 ⚙ 打开设置，单击左侧边栏的触控板，在右侧光标点按页签中，将菜单弹出设置为双指点按、轻点或点按左下角。
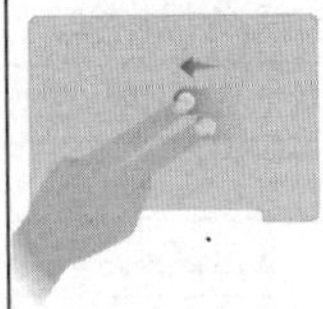	**滑动** 双指快速移动（轻扫）或缓慢移动，可上下、左右切换或滚动页面。 例如：在图库中打开图片后，双指左右轻扫，可快速切换查看的图片。 在浏览器中打开网页后，双指上下滑动，可滚动浏览网页内容。
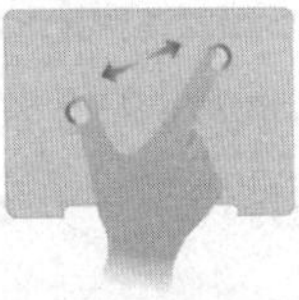	**缩放** 双指张开或捏合，可放大或缩小图片或页面等。 例如：在图库中打开图片后，大拇指与食指在触控板上张开，可放大图片以查看细节。
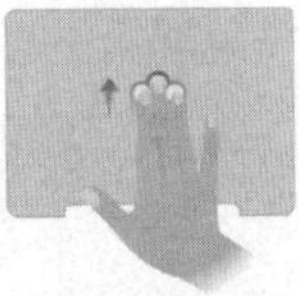	**返回桌面** 应用窗口打开时，三指上滑可显示桌面，三指下滑可还原打开的应用窗口。
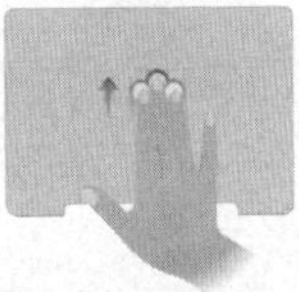	**进入多任务** 三指上滑并停顿进入任务中心，可查看运行的全部应用，三指下滑退出任务中心。

图 1-8

📣 **注意**

具体的触控板手势及其功能可能因设备型号和系统版本而异。您可以在系统设置中查找触控板相关选项，了解并自定义更多手势。

核心键盘快捷键（部分通用，部分为鸿蒙特色）的功能描述见

表 1-2。

表 1-2 快捷键功能描述

快捷键	功 能 描 述
Ctrl+C	复制选定项
Ctrl+X	剪切选定项
Ctrl+V	粘贴复制/剪切的内容
Ctrl+Z	撤销上一步操作
Ctrl+S	保存当前文件
Alt+ Tab	在打开的应用窗口间切换
鸿蒙键	打开开始菜单/启动器

更多快捷键将在后续章节中结合具体应用场景进行介绍。熟练运用它们将极大提升您的操作效率使得日常任务的执行更加高效和便捷。

1.3 系统关机与重启:安全结束工作

当您完成工作或需要暂时离开电脑时,学会正确地关闭或重启系统非常重要。

❶ 访问关机选项:单击任务栏上的"O"按钮,在弹出的菜单中找到电源图标。或者,在桌面上按下特定的快捷键(如 Alt + F4)。

❷ 选择操作:在电源选项中,您会看到以下几种常见操作(见图 1-9)。

图 1-9

- 睡眠：将电脑置于低功耗状态，同时保持当前工作状态。唤醒时可以快速恢复。适合短暂离开。
- 锁定屏幕：保持电脑运行和应用程序打开，但需要输入密码才能重新访问桌面。适合临时离开座位。
- 关机：完全关闭电脑，所有应用程序将关闭，系统停止运行。
- 重启：关闭电脑然后立即重新启动，通常用于安装更新或解决一些系统小问题。

❸ 确认操作：选择您需要的操作后，系统会执行相应的动作。在执行关机或重启操作前，请务必保存所有未完成的工作，如文档、表格等，以防数据丢失。

睡眠模式虽然方便快速恢复，但长时间不使用电脑时，建议选择关机以节省能源并让系统得到充分"休息"。

如果系统出现无响应或卡死的情况，长按电源键数秒也可以强制关机，但这属于非正常操作，应尽量避免。

恭喜您！至此，您已经完成了鸿蒙 PC 的初次设置，并对桌面环境和基本操作有了初步了解。在下一章，我们将深入学习文件管理与应用基础知识，进一步构建您的数字空间。

第二章

文件管理与应用基础：
构建您的数字空间

在掌握了鸿蒙 PC 的基本启动和桌面交互后，本章将带您深入了解如何高效管理您的数字文件，以及如何获取和使用各类应用程序。文件和应用是构成我们数字生活的基础，熟练运用它们将使您的鸿蒙 PC 体验更加得心应手，为您提供更流畅、高效的操作环境。

2.1 文件管理器详解：高效组织您的数字资产

文件管理器是您在鸿蒙 PC 上进行文件浏览、查找和整理的核心工具。一个组织良好的文件系统能够极大提升您的工作效率，让您在处理各种文件时更加高效、便捷。

文件管理器界面布局

打开文件管理器（通常在任务栏上有快捷方式，或从启动器中查找），您会看到一个结构清晰的界面（见图 2-1）。其主要组成包括：

图 2-1

- 导航栏（或地址栏）：显示当前文件夹的路径，您也可以直接在此输入路径进行跳转，快速访问其他文件夹或位置。

- 侧边栏（导航窗格）：列出一些常用位置（如"文档""下载""图片""视频"等），以及您可能设置的收藏夹或标签。单击侧边栏的项目可以快速切换到对应位置。
- 文件列表区：这是主要显示区域，展示当前文件夹下的所有文件和子文件夹。您可以选择不同的查看方式，如图标视图、列表视图等，方便管理文件。
- 工具栏/菜单栏：提供常用的文件操作命令，如新建、复制、粘贴、删除、排序、更改视图等。

文件与文件夹的日常操作

熟练掌握基本的文件和文件夹操作是日常使用的必备技能。

- 创建文件夹：在目标位置（如桌面或某个文件夹内）的空白处单击鼠标右键，选择"新建文件夹"，然后输入文件夹名称并按回车键确认。您也可以使用工具栏上的"新建文件夹"按钮进行创建。
- 创建文件：通常由特定应用程序创建（如文本文档由文本编辑器创建）。部分系统也支持在右键菜单中"新建"特定类型的文件（如文本文档）。
- 重命名：选中要重命名的文件或文件夹，单击鼠标右键选择"重命名"，或选中后稍等片刻再次单击名称部分，或按 F2 键（如果支持），输入新名称后按回车键确认。
- 复制与粘贴：选中要复制的文件或文件夹，右键单击选择"复制"（或按 Ctrl + C 快捷键）。导航到目标位置，右键单击空白处选择"粘贴"（或按 Ctrl+V 快捷键）。
- 剪切与粘贴（移动）：选中要移动的文件或文件夹，右键单击选择"剪切"（或按 Ctrl+X 快捷键）。导航到目标位置，右键单击空白处选择"粘贴"（或按 Ctrl+V 快捷键）。原位置的文件/文件夹将被移动到新位置。
- 删除：选中要删除的文件或文件夹，右键单击选择"删除"，或按 Delete 键。删除的文件通常会进入回收站，您可以从中恢复文件。
- 文件选择技巧：单个选择，单击文件或文件夹；多个连续选择，单击第一个文件，然后按住 Shift 键单击最后一个文件，两者之间的所有文件都将被选中；多个不连续选择，按住 Ctrl 键，然后逐个单击您想选择的文件或文件夹；全选，按 Ctrl+A 快捷键。

文件查看方式与排序

文件管理器通常提供多种文件查看方式，以适应不同需求。

- 图标视图：以较大图标显示文件和文件夹，适合查看图片、视频等内容。
- 列表视图：以列表形式显示，每行显示一个项目，通常包含名称、修改日期、类型、大小等基本信息。
- 详细信息视图：与列表视图类似，但列出的信息更全面，各列宽度可调。

此外，您可以根据文件名、大小、类型、修改日期等属性对文件列表进行升序或降序排列。通常只需单击列标题，即可切换排序依据和顺序。

文件/文件夹属性与权限

选中一个文件或文件夹，右键选择"属性"（或"详情"），可以查看其详细信息，如类型、位置、大小、创建日期、修改日期、访问权限等。文件或文件夹的权限设置，决定了哪些用户可以读取、写入或执行该文件/文件夹。

高效文件搜索与筛选

当文件数量庞大时，搜索功能变得至关重要。文件管理器通常在工具栏或顶部提供搜索框。您可以输入文件名、部分文件名、文件类型（如.txt，.jpg），或根据修改日期范围、文件大小等条件进行筛选和搜索。

技巧

使用标签、收藏夹进行快速访问：许多现代文件管理器支持为文件或文件夹添加标签（颜色或关键词），以便分类和快速筛选。您还可以将常用的文件夹添加到侧边栏的"收藏夹"或"快速访问"区域，便于通过一次单击快速跳转。

[鸿蒙特色]分布式文件管理初探

鸿蒙系统的一大特性是其分布式能力。这意味着，当您的鸿蒙PC 与其他鸿蒙设备（如手机、平板）在同一华为账号下，并已成功连接（如通过多屏协同或超级终端）时，文件管理器允许您直接浏览和管理这些设备上的文件，仿佛它们是本地磁盘一样。这极大地简化了跨设备文件传输和管理的复杂性。

注意

分布式文件访问的具体实现和操作方式，请参考您设备上的实际功能及后续第六章内容的详细介绍。

2.2 应用商店与软件管理：拓展鸿蒙 PC 的功能边界

应用程序是扩展鸿蒙 PC 功能、满足多样化需求的关键。华为应用市场是获取鸿蒙 PC 应用的主要官方渠道。

玩转华为应用市场

❶ 打开并熟悉应用市场主界面：在任务栏或启动器中找到"应用市场"图标并打开。其主界面通常包含以下内容（见图 2-2）。

图 2-2

- 探索：展示热门应用、编辑精选、专题活动等。
- 工作：按生产力工具的应用类型（如办公、工具、教育等）分类。

- 娱乐：显示热门娱乐应用。
- 分类：显示各种类型应用的分类。
- 我的：查看已安装应用、更新、下载历史等。

❷ 搜索、浏览并查找应用：您可以通过顶部的搜索框直接输入应用名称，或者在分类、榜单中进行浏览。

❸ 查看应用详情：单击感兴趣的应用图标，会进入该应用的详情页面。这里通常包含应用介绍、功能截图、评分与评论、权限要求、版本信息、开发者信息等。仔细阅读这些信息有助于您判断该应用是否符合需求且安全可靠。

❹ 安装、更新与卸载：安装，在应用详情页单击"安装"按钮，将开始下载应用并自动安装，安装完成后，通常可以在启动器中找到它；更新，在"我的"区域，可以查看哪些已安装的应用有新版本，单击"更新"或"全部更新"即可，建议保持应用为最新版本，以获得最佳性能和安全性；卸载，找到要卸载的应用（可以在启动器中长按或单击鼠标右键，或在应用市场的"已安装应用"列表中找到），选择"卸载"选项并确认（见图2-3）。

图 2-3

2.3 理解鸿蒙原生应用与兼容应用

在鸿蒙 PC 的应用生态中,您可能会遇到两种类型的应用:

- 鸿蒙原生应用:这些应用是专门为鸿蒙操作系统设计和开发的,能够充分利用鸿蒙系统的特性,如分布式能力、AI 能力等。鸿蒙原生应用通常能够提供更优的性能和体验。
- 兼容应用:为了丰富初期生态,鸿蒙 PC 可能通过技术手段兼容部分其他平台的应用(如安卓应用或特定格式的 Linux 应用)。这些应用的体验可能与原生应用有所差异。

应用市场中通常会对此类应用进行标注,或者您可以从应用对系统资源的调用方式上进行初步判断。为了获得更佳的体验,建议优先选择鸿蒙原生应用。

应用权限管理

出于安全和隐私保护的考虑,鸿蒙系统对应用权限进行了严格管理。您可以控制每个应用能够访问哪些系统资源或个人数据(见图 2-4)。查看和修改应用权限的具体步骤如下所示。

❶ 进入系统界面,单击"设置"图标。
❷ 在弹出的界面中找到"隐私和安全"选项。
❸ 选择您想管理权限的特定应用程序。
❹ 在应用信息界面,您可以看到该应用已请求或已获得的权限列表(如访问位置、相机、麦克风、存储空间、联系人等)。

❺ 您可以针对每一项权限选择"允许"、"仅使用期间允许"或"禁止"。

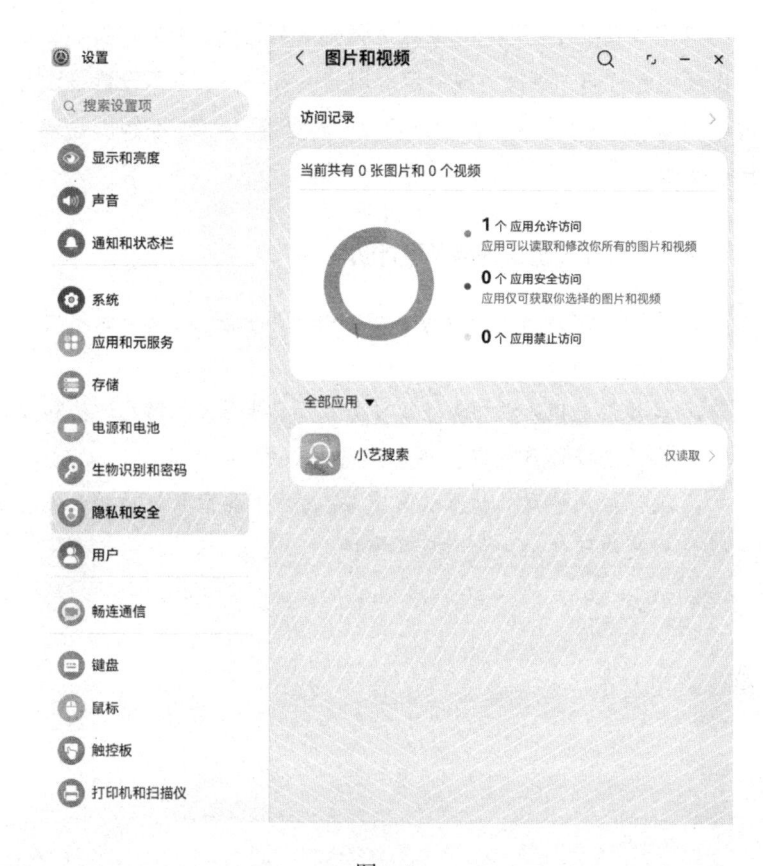

图 2-4

📢 注意

授予应用过多不必要的权限可能会带来隐私风险。请仅授予应用运行所必需的权限。

应用通知设置

您可以精细化管理各个应用的通知，避免不必要的打扰。在系统设置中的"通知管理"或特定应用的设置中，您可以设置是否允许该应用发送通知、通知的显示方式（如横幅、声音、在锁屏显示）、优先级等。

提示：选择安全应用与关注评价

- 尽量从官方的华为应用市场下载应用，避免使用来源不明的安装包。
- 在安装应用之前，请仔细查看其开发者信息、用户评价和评分，选择口碑良好、评分较高的应用。
- 关注应用请求的权限非常重要。对于那些索取与功能无关的敏感权限的应用，需提高警惕。

2.4 内置核心应用初体验：满足日常基本需求

鸿蒙 PC 预装了一系列核心应用程序，以满足用户日常的基本使用需求。接下来，让我们快速体验一下这些应用程序。

鸿蒙浏览器

作为上网冲浪的入口，鸿蒙浏览器提供了基础的网页浏览功能（见图 2-5）。

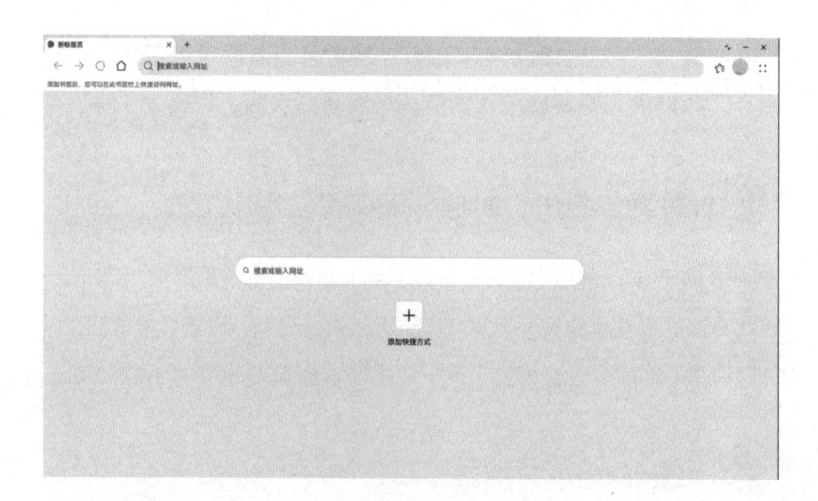

图 2-5

- 基本操作：输入网址、前进、后退、刷新、主页。
- 标签页管理：打开新标签页、关闭标签页、切换标签页。

- 书签（收藏夹）：将常用网站添加到书签中，方便快速访问。书签可以进行分类管理。
- 历史记录：查看最近访问过的网页。
- 隐私浏览（无痕模式）：在此模式下浏览网页时，浏览器不会记录你的历史记录、Cookie 等信息。

文本编辑器/备忘录

用于快速记录文字信息、编辑简单的纯文本文档或创建备忘录。部分备忘录应用可能支持富文本编辑（如加粗、斜体、列表等）和云同步功能。

图片查看器

当您打开图片文件时，系统默认的图片查看器可以帮助您浏览图片，并提供一些基础编辑功能，如旋转、裁剪、调整大小等。

计算器、日历、时钟、天气等实用小工具

这些预装的小工具能满足您日常生活中的一些常见需求。例如，计算器可以进行基本的数学运算；日历可以查看日期、设置日程提醒；时钟可以查看时间、设置闹钟；天气应用可以获取实时天气信息和预报。

[鸿蒙特色]小艺慧记

根据华为官方对小艺慧记的介绍（虽该链接主要针对手机，但功能特性可参考），小艺慧记是鸿蒙生态中一款强大的智能记录工具（见图 2-6）。在鸿蒙 PC 上，它以独立应用或集成功能的形式存

在,其核心能力包括:

图 2-6

- 语音录制与转文字:在会议、讲座或灵感突现时,您可快速启动录音功能,并能够将语音实时或后续转换为文字。
- 智能纪要整理:对于会议录音,小艺慧记支持区分不同发言人(需提前设置或 AI 自动识别),并能智能提取关键信息,生成会议纪要摘要。
- 多端同步:记录的内容和纪要可以通过华为账号在您的其他鸿蒙设备(如手机、平板)间同步。

技巧:探索预装应用与固定到任务栏

花些时间逐个打开并尝试使用系统中预装的其他应用,您会发现更多实用功能。

对于经常使用的应用,您可以将其图标从启动器拖动到任务栏上进行固定,以便快速启动。

通过本章的学习,您应该对鸿蒙 PC 的文件管理和应用基础有了全面的了解。接下来的部分,我们将探索更多核心功能和日常使用技巧,帮助您充分发挥鸿蒙 PC 的潜力。

第二部分

日常使用与效率提升：鸿蒙 PC 助您事半功倍

第三章

个性化设置与界面美化：打造专属您的鸿蒙 PC

一台电脑不仅仅是工具，更是我们日常相伴的伙伴。通过个性化设置和界面美化，您可以将鸿蒙 PC 打造成更符合个人审美和使用习惯的专属空间。HarmonyOS 5 在设计上强调"精致流畅"，提供了丰富的自定义选项。本章将引导您探索如何调整桌面外观、显示效果、声音通知以及输入法等设置，让您的鸿蒙 PC 焕发独特魅力。

3.1 桌面美学：壁纸与主题的艺术

桌面是您与 PC 交互的第一印象，精美的壁纸和协调的主题能够带来愉悦的心情。

鸿蒙 PC 主题更换与管理

主题通常包含一套壁纸、窗口颜色、系统声音、图标样式等元素的组合。

- 选择系统预设主题：浏览并应用系统提供的主题。
- 下载更多主题：连接到主题商店，您可以下载更多由官方或第三方设计的主题。
- 自定义主题元素：您可以基于现有主题，单独修改壁纸、颜色等元素，并保存为自定义主题。

动态壁纸与引力动效

根据 HarmonyOS 5 官方介绍，"细致入微的动态效果，眼前一亮的全新体验。从锁屏到桌面，动态壁纸丝滑一镜到底；多窗口、多任务，切换调度行云流水。"这表明鸿蒙 PC 在视觉动效方面进行了精心设计。

- 一镜到底动态壁纸：这种壁纸在锁屏、解锁到进入桌面的过程中，呈现出连贯、平滑的过渡动画，增强了沉浸感。例如，"寰宇星球""慢镜风光""互动雨滴"等主题壁纸。

- 引力动效:"拖动应用图标时,其他图标在引力作用下轻弹避让,视觉体验轻快灵动。"这种物理隐喻的动效使得交互更自然和有趣。
- 光影动效与 3D 图标:"3D 立体结构图标,面貌一新,仿真光影跟随变化,精致感十足。"这些细节提升了界面的质感和现代感。

📢 注意

开启过于复杂的动态效果可能会略微增加系统资源消耗。您可以根据自己的偏好和 PC 性能进行选择。

3.2 显示与视觉效果：舒适您的双眼

合适的显示设置不仅能够带来更好的视觉体验，还有助于保护您的视力。

❶ 进入系统界面，单击"设置"图标，在弹出的界面中单击"显示和亮度"选项。

❷ 在弹出的界面中，通过调整亮度、字体大小、显示大小等，使屏幕上的所有内容按比例放大或缩放，从而提高可读性（见图3-1）。

图 3-1

护眼模式/夜间模式

长时间面对屏幕容易引起视觉疲劳。鸿蒙 PC 通常提供护眼模式或夜间模式。

- 护眼模式:减少屏幕蓝光辐射,使屏幕色温偏暖,有助于缓解眼部疲劳,尤其适合夜间使用。
- 夜间模式(深色模式):将系统界面和支持该模式的应用背景色变为深色,减少眩光,在光线较暗的环境下使用更为舒适。

您可以在显示设置或控制中心快速开启这些模式,并根据需要调整其强度或设置定时启用。

色彩模式与屏幕校准

对于专业用户(如摄影师、设计师),颜色的准确性至关重要。鸿蒙 PC 可能提供多种色彩模式选择(如 sRGB、P3 等,具体取决于屏幕素质),并可能支持外接校色仪进行屏幕色彩校准。对于普通用户来说,通常无须调整这些高级选项。

3.3 声音与通知：掌控您的听觉环境

合理设置系统声音和应用通知可以避免不必要的干扰，让您更专注于工作或享受宁静。

管理系统音量与音效

❶ 调节主音量：您可以通过键盘上的音量控制键，或单击任务栏上的音量图标，拖动滑块来调节系统总音量。

❷ 选择声音输出/输入设备：如果连接了多个音频设备（如本机扬声器、耳机、外接麦克风等），可以在声音设置中选择默认的播放设备和录音设备。

❸ 提示音量：您可以自定义系统事件（如操作反馈、音量调节等）的提示音，或选择静音（见图 3-2）。

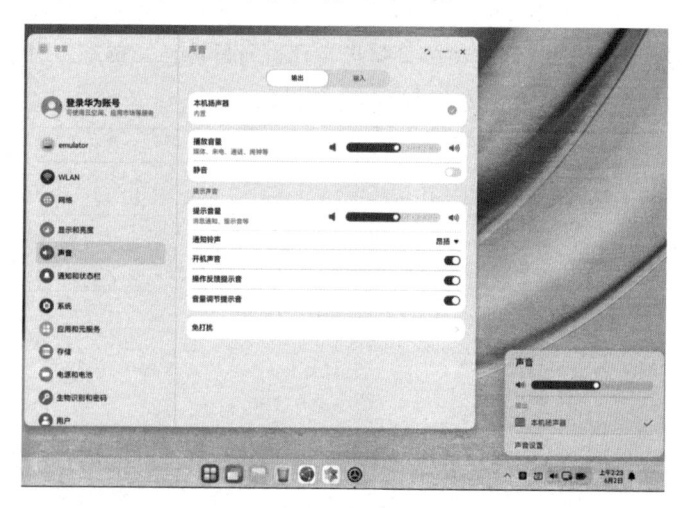

图 3-2

精细化通知管理

❶ 进入系统界面,单击"设置"图标,在弹出的界面中单击"通知和状态栏"选项。

❷ 应用通知管理:在弹出的界面中,您会看到一个应用列表,在该列表中您可以为每个应用单独设置通知权限。

- 允许/禁止通知:完全开启或关闭某个应用的通知。
- 通知显示方式:设置通知是否在锁屏上显示、是否以横幅形式弹出、是否播放声音、是否在应用图标上显示标记等。

❸ 勿扰模式:开启勿扰模式后,在设定的时间段内或特定条件下(如全屏游戏时),系统将屏蔽所有或部分通知,让您免受打扰。您可以自定义勿扰模式的例外规则(如允许特定联系人的来电或重要应用的通知)。

❹ 锁屏通知管理:设置在锁屏状态下是否显示通知内容,或仅显示通知摘要,以保护隐私(见图3-3)。

图 3-3

3.4 输入法设置与管理：流畅输入您的想法

高效流畅的输入法是提升工作效率的关键。鸿蒙 PC 通常会内置或支持安装多种输入法。

❶ 进入系统界面，单击"设置"图标，在弹出的界面中单击"键盘"选项（见图 3-4）。

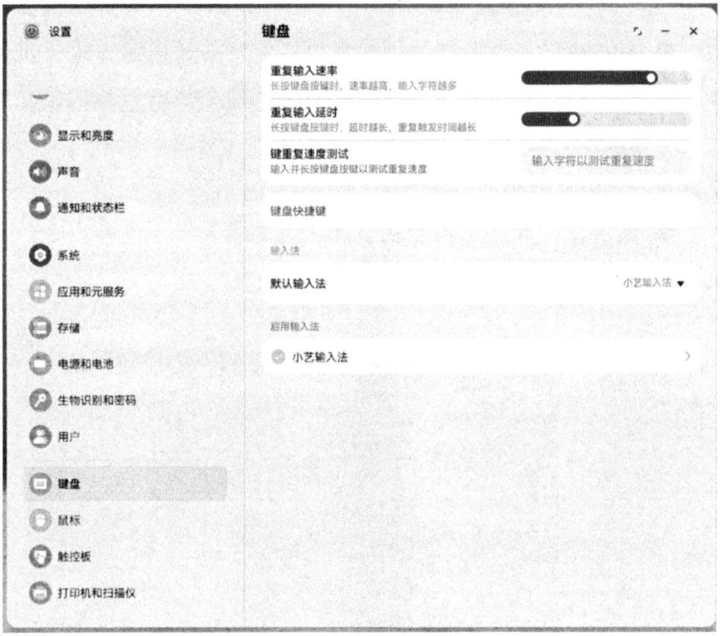

图 3-4

❷ 添加/删除输入法：如果系统预装的输入法不符合您的使用习惯，您可以添加其他语言的输入法或第三方输入法（需先从应用

商店安装）。也可以移除不需要的输入法。

❸ 切换输入法：通常可以通过任务栏上的输入法指示器单击切换，在已安装的输入法之间循环切换。

❹ 输入法个性化设置：选中某个输入法后，通常可以进入其专属设置界面，进行更详细的自定义。例如，更换键盘设置、输入设置、语音设置、按键设置等（见图 3-5）。

图 3-5

3.5 节能与电池管理：延长续航，绿色使用

对于笔记本电脑用户而言，电池续航能力至关重要。通过合理的节能设置，可以有效延长 PC 的使用时间。

查看电池状态

通常在任务栏的系统托盘区会显示电池图标和当前电量百分比。

开启与配置省电模式

❶ 进入系统界面，单击"设置"图标，在弹出的界面中单击"电源和电池"选项。

❷ 在弹出的界面中即可开启与配置省电模式（见图 3-6）。

图 3-6

查看应用耗电排行

在电池设置中,您可以查看哪些应用程序消耗的电量最多。如果发现某个不常用的应用耗电异常,您可以考虑关闭它或调整其后台活动权限,以优化电池使用。

通过本章的个性化设置,您的鸿蒙 PC 将更加符合您的品位和使用习惯。一个舒适、高效、个性化的操作环境,将为您带来更愉悦的数字体验。

第四章

办公与生产力工具：打造高效工作环境

鸿蒙 PC 作为一款强大的生产力工具，其核心价值之一在于能否高效支持各类办公任务。本章将重点介绍如何在鸿蒙 PC 上使用办公套件处理文档，借助沟通协作工具保持团队同步，并掌握截图录屏等实用技巧，帮助您全面提升工作效率。

4.1 办公套件的安装与使用：流畅处理文档、表格与演示

文档处理、电子表格制作和演示文稿设计是日常办公不可或缺的部分。鸿蒙 PC 为用户提供了对主流办公套件的良好支持，帮助用户提高工作效率。

办公套件兼容性

鸿蒙 PC 致力于构建开放的生态，用户可以选择多种办公软件：

- WPS Office 鸿蒙版：作为国内领先的办公软件，WPS Office 推出了专门针对鸿蒙系统的版本，能够更好地利用鸿蒙特性，提供流畅的用户体验。根据相关媒体报道，WPS 等常规办公软件在鸿蒙 PC 发布时已完成适配。
- 微软 Office Online/Web 版：用户可以通过鸿蒙浏览器访问微软 Office 的在线版本（如 Word Online、Excel Online、PowerPoint Online），进行云端文档处理，尤其适合需要与使用微软 Office 的用户进行协作的场景。
- 其他兼容的办公应用：随着生态发展，可能会有更多第三方办公软件适配鸿蒙 PC，用户可以从华为应用市场获取。

安装与配置[以 WPS Office 鸿蒙版为例]

❶ 从华为应用市场下载安装：打开华为应用市场，搜索"WPS Office"，找到鸿蒙版（通常会有相关标识），单击安装。

❷ 首次启动与账号登录：安装完成后，从启动器打开 WPS Office。首次启动可能需要同意用户协议。建议登录您的 WPS 账号（或使用微信/QQ 等方式登录），以便享受云同步、模板库等更多功能。

❸ 熟悉界面：WPS Office 鸿蒙版通常包含文字处理（WPS 文字）、电子表格（WPS 表格）、演示制作（WPS 演示）和 PDF 阅读编辑等模块，界面风格针对鸿蒙系统进行了优化。

常用文档处理技巧

- 创建、编辑与保存：学习如何新建空白文档或基于模板创建，掌握基本的文字输入、格式排版、图片插入、表格制作等操作。熟悉保存（Ctrl+S）、另存为等功能，选择合适的文档格式（如.docx, .xlsx, .pptx, .pdf, .wps 等）。
- 格式兼容性：WPS Office 对微软 Office 格式(.docx, .xlsx, .pptx)具有良好的兼容性。在与他人协作时，建议确认对方使用的软件版本和格式，以避免兼容性问题。PDF 作为通用格式，适合最终文档的分享和打印。
- 云文档与协作：利用 WPS 云服务（或其他支持的云存储），可以将文档保存在云端，实现多设备访问和与他人协同编辑。

[鸿蒙特色]办公软件与小艺 AI 的协同

鸿蒙 PC 的一大优势在于 AI 能力与应用的深度融合。在 WPS Office 等办公软件中，您可以借助小艺 AI 助手提升工作效率：

- 语音输入：在编辑文档时，您可以调用小艺进行语音输入，将口述内容快速转换为文字。
- 智能排版与美化：小艺提供一键排版、智能推荐模板、演示文稿快速美化等功能。
- 文档摘要与问答：对于长文档，您可以请求小艺生成文档内容摘要或通过提问获取文档内容的关键信息。
- PPT 快速生成与辅助：例如，您可以对小艺说"帮我做一个关于市场营销策略的 PPT"，小艺会为您生成初步的演示大纲或利用 WPS AI 功能生成基础幻灯片，帮助您快速完成任务。

4.2 高效沟通与协作：邮件、即时通信与会议

现代办公离不开高效的沟通与协作工具。鸿蒙 PC 通常会内置邮件客户端，或者您可以从应用商店下载第三方邮件应用（如 Outlook、Thunderbird 等的兼容版本，或针对鸿蒙优化的邮件 App）进行使用。

- 配置账户：首次使用邮件客户端时，您需要配置您的邮箱账户（如 Exchange、IMAP、POP3）。按照提示输入邮箱地址、密码和服务器信息，即可完成配置。
- 收发邮件：您可以轻松学习如何撰写新邮件、回复邮件、转发邮件、添加附件，并管理收件箱、已发送邮件、草稿等文件夹。
- 日历与联系人集成：许多邮件客户端会集成日历和联系人管理功能，方便您进行日程安排和联系人查找，使工作更加高效。
- 主流的即时通信工具：在鸿蒙 PC 上，主流的即时通信工具如微信、QQ、企业微信、钉钉、飞书等，提供了团队沟通和外部联系的重要渠道。确保从可信来源（如华为应用市场）下载安装。这些工具通常支持文字、语音、视频聊天、文件传输、群组讨论等功能。借助鸿蒙 PC 的多屏协同，您还可以在 PC 上直接操作手机版的微信，实现消息的快速处理，提升沟通效率。
- 在线会议：在线会议已成为常态，鸿蒙 PC 支持各类主流会

议软件（如腾讯会议、钉钉会议、Welink 等，需确认其与鸿蒙的适配情况）。
- ◇ 参与会议：通过会议链接或 ID 加入会议。
- ◇ 发起会议：安排和主持会议，邀请参会者。
- ◇ 屏幕共享：在会议中共享您的桌面、特定窗口或应用程序，进行演示或协作。
- ◇ 会议录制：部分会议软件支持录制会议内容，方便后续回顾。
- ◇ AI 会议纪要：结合小艺慧记或会议软件自带的 AI 功能，可以实现会议语音转文字、智能生成会议纪要等。

技巧

在进行重要在线会议前，提前测试麦克风、扬声器和摄像头等设备是否工作正常，确保网络连接稳定。

4.3 截图、录屏与批注：轻松捕捉与分享信息

在工作中，经常需要捕捉屏幕信息或录制操作过程，以便进行分享或记录。

鸿蒙 PC 通常会提供便捷的内置截图工具，支持多种截图方式。

- 全屏截图：通常是按下 PrtScn（Print Screen）键，或使用组合键如鸿蒙 O 键+PrtScn。截图会自动保存到剪贴板或特定文件夹。
- 活动窗口截图：可使用 Alt+PrtScn 组合键。
- 任意区域截图：许多系统提供如鸿蒙 O 键+Shift+S 来触发截图工具栏，让您选择矩形、任意形状或窗口截图。
- 指关节双击截图：部分报道提及鸿蒙 PC 支持指关节双击截图，这继承了华为移动设备的便捷操作。触发截图工具后，屏幕可能会变暗，鼠标指针会变为十字形。拖动可选择您想截取的区域。截图完成后，通常会自动在剪贴板中或打开一个简单的编辑界面，提供以下功能：
  ◇ 裁剪：调整截图区域。
  ◇ 标记：使用画笔、箭头、矩形、圆形等工具进行标注。
  ◇ 文字：添加文本注释。
  ◇ 马赛克/模糊：遮挡敏感信息。
- 保存/复制：将编辑后的截图保存为文件（如 PNG，JPG）或复制到剪贴板上（见图 4-1）。

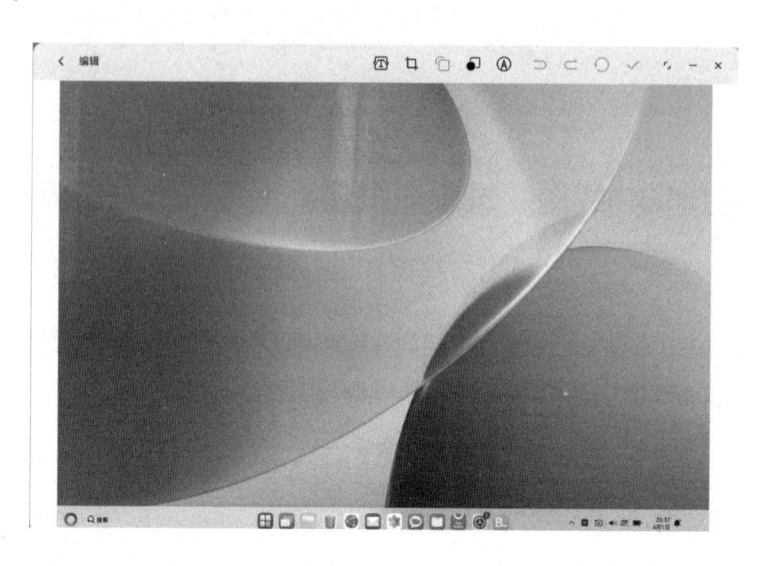

图 4-1

使用系统录屏功能

如果需要录制屏幕操作过程（如制作教程、演示软件），鸿蒙 PC 内置了录屏功能。

❶ 启动录屏：通常可以通过特定的快捷键或在控制中心、应用列表中找到录屏工具。

❷ 开始、暂停、结束：单击"开始"按钮进行录制。录制过程中，屏幕上通常会有一个控制条或悬浮窗，用于暂停、继续或结束录制。

❸ 保存视频：录制结束后，视频文件会自动保存到指定位置（通常是"视频"文件夹）。

技巧：滚动截图与第三方工具

滚动截图（长截图）：如果需要截取超出当前屏幕显示范围的内容（如长网页、长文档），可查看系统截图工具是否支持滚动截图功能。

第三方专业工具：对于更高级的截图录屏需求（如延时截图、GIF 录制、详细编辑功能），可从应用商店安装第三方专业软件。

4.4 思维导图与笔记管理：梳理思路，沉淀知识

思维导图是整理思路、进行头脑风暴的有效工具，而笔记应用则帮助我们记录灵感、学习心得和重要信息。

- 思维导图应用：华为应用市场提供适用于鸿蒙 PC 的思维导图软件（如 XMind 的兼容版或原生应用）。这些应用通常支持创建节点、分支、添加图标、备注、链接等功能。
- 笔记应用：鸿蒙 PC 自带的备忘录（见图 4-2），结合小艺慧记的语音转文字和智能整理功能，可以极大地提升笔记效率。

图 4-2

4.5 时间管理与任务规划：保持专注与高效

良好的时间管理和任务规划是高效工作的基石。

- 日历与提醒：利用系统自带的日历应用，您可以轻松规划日程、设置会议提醒、管理待办事项。这些信息通常可以通过华为账号在多设备间同步。
- 番茄工作法工具：如果您习惯使用番茄工作法来提高工作效率，可以在应用商店中寻找相关的计时器或任务管理应用。
- 项目管理与团队协作工具：对于复杂的项目，您可以考虑使用如飞书、钉钉等集成了任务分配、进度跟踪、文档协作功能的平台。

通过熟练运用本章介绍的办公与生产力工具，结合鸿蒙 PC 的特色功能，您将能够构建一个高效、协同、智能的工作环境，使工作事半功倍。

第五章

多媒体娱乐体验：畅享影音与创作乐趣

结束了紧张的工作学习，放松身心同样重要。鸿蒙 PC 不仅是高效的生产力工具，也能为您带来丰富的多媒体娱乐体验。无论是沉浸在悠扬的音乐中，欣赏高清大片，浏览珍贵照片，还是进行简单的创作，鸿蒙 PC 都能提供流畅支持。本章将带您探索其在影音播放、图片处理、游戏娱乐等方面的表现。

5.1 视频播放与编辑：大屏观影，轻松剪辑

鸿蒙 PC 的大屏幕为观看视频提供了绝佳条件，同时也具备强大的视频处理能力。

高清视频播放

- 支持格式与解码：鸿蒙 PC 通常能流畅播放主流视频格式（如 MP4、AVI、MKV、MOV 等），并支持高清（如 1080p、4K）视频的硬件解码，保证播放过程清晰流畅。
- 视频播放器：系统会内置视频播放器，您也可以根据需要安装功能更强大的第三方播放器（如 VLC、PotPlayer 的兼容版本）。这些播放器通常支持调整播放速度、加载外挂字幕、切换音轨、屏幕比例调整等功能。
- 在线视频平台：通过浏览器或相关的 PC 客户端（如哔哩哔哩、爱奇艺、腾讯视频等），可以观看丰富的在线视频内容。

入门级视频剪辑

如果您需要进行一些简单的视频剪辑工作，鸿蒙 PC 也能满足基本需求：

- 系统自带工具：部分鸿蒙系统版本集成基础的视频剪辑功能，如裁剪片段、合并视频、简单调色和添加背景音乐等。
- 轻量级剪辑软件：华为应用市场提供了多个入门级的视频剪辑应用（如剪映的 PC 版或类似应用）。这些工具界面友好，

操作简单,非常适合快速制作短视频或 Vlog。根据相关报道,剪映等应用已适配鸿蒙 PC(见图 5-1)。

图 5-1

- 专业软件的兼容性:对于更专业的视频编辑需求(如 Adobe Premiere Pro、Final Cut Pro、DaVinci Resolve 等),目前主要依赖于这些软件是否推出鸿蒙原生版本或通过兼容层运行,或者使用云端编辑解决方案来满足专业视频制作的需求。

[鸿蒙特色]视频通话与智慧屏协同

利用鸿蒙的分布式能力,利用内置的"畅连"应用(见图 5-2),您的视频通话体验可以得到提升:

- 调用手机摄像头:在 PC 上进行视频通话时,如果您觉得 PC 自带的摄像头效果不佳,可以通过协同功能调用已连接手机的高素质后置摄像头,获得更清晰的画面。
- 通话画面流转至智慧屏:如果您家中有鸿蒙智慧屏,您可以将 PC 上的视频通话画面无缝流转到智慧屏，享受更大屏幕带来的沉浸式沟通体验，特别适合家庭多人视频通话。

图 5-2

5.2 图片浏览、管理与编辑：珍藏您的美好瞬间

鸿蒙 PC 提供了便捷的图片管理和基础编辑功能，帮助您整理和美化珍贵的照片。

图片浏览与管理

- 图库应用：系统内置的图库应用可以集中展示和管理您 PC 中存储的照片和视频，以及通过云空间同步过来的内容。
- 智能分类：现代的图库应用通常具备一定的 AI 能力，可以按拍摄时间、地点（需开启定位服务并有地理标记）、相册、甚至识别出的人物或事物进行自动分类和整理，方便快速查找。
- 幻灯片播放：您可以选择一组照片，并以幻灯片的形式自动播放，回顾美好的记忆。

图片基础编辑

图库应用或专门的图片编辑应用通常提供以下基础编辑功能（见图 5-3），满足日常的图片处理需求：

- 裁剪：调整图片构图，修正拍摄角度。
- 调节：修改亮度、对比度、饱和度、色温、锐度等参数。
- 滤镜：一键应用多种预设的艺术滤镜，改变图片风格。

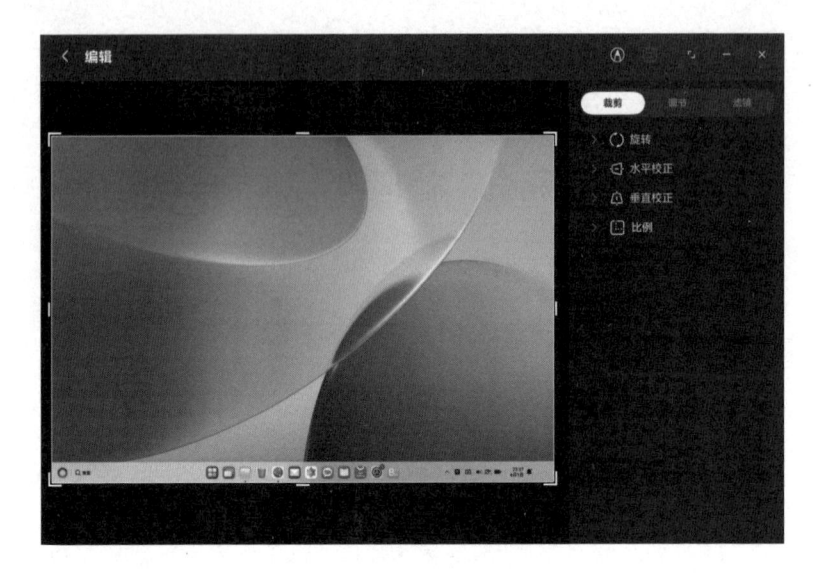

图 5-3

- 添加文字与标记：您可以在图片上添加文本、箭头、涂鸦等标记。
- 人像美化：针对人像照片，提供磨皮、美白、瘦脸等效果。

[鸿蒙特色]图片与手机/平板的协同管理与编辑

借助多屏协同，图片处理流程更加高效，跨设备操作无缝衔接：

- 快速传输：手机拍摄的照片可以立即通过拖曳无线传输到 PC 上进行查看和编辑。
- 协同编辑：您甚至可以在 PC 上打开手机图库中的图片进行编辑，编辑结果直接保存在手机上，或另存到 PC。

5.3 游戏娱乐：探索鸿蒙 PC 的游戏世界

对于许多用户而言，PC 也是重要的游戏平台。鸿蒙 PC 在游戏方面的支持情况是用户关注的焦点之一，用户可以通过应用商店进入游戏下载入口（见图 5-4）。

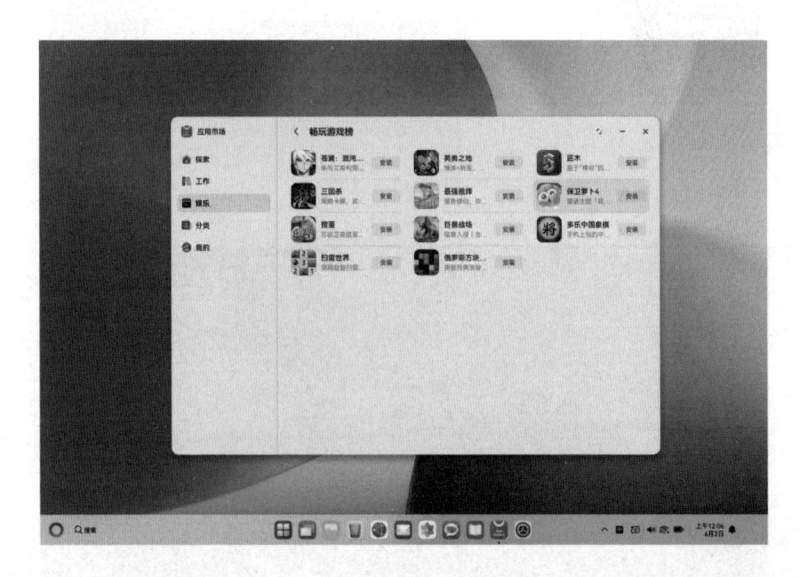

图 5-4

- 鸿蒙原生游戏：随着生态的发展，预计将有更多游戏开发者推出鸿蒙原生 PC 游戏，这些游戏如三国杀（见图 5-5、图 5-6）、掼蛋（见图 5-7）、保卫萝卜（见图 5-8）等，能够更好地利用系统特性，提供优化体验。

图 5-5

图 5-6

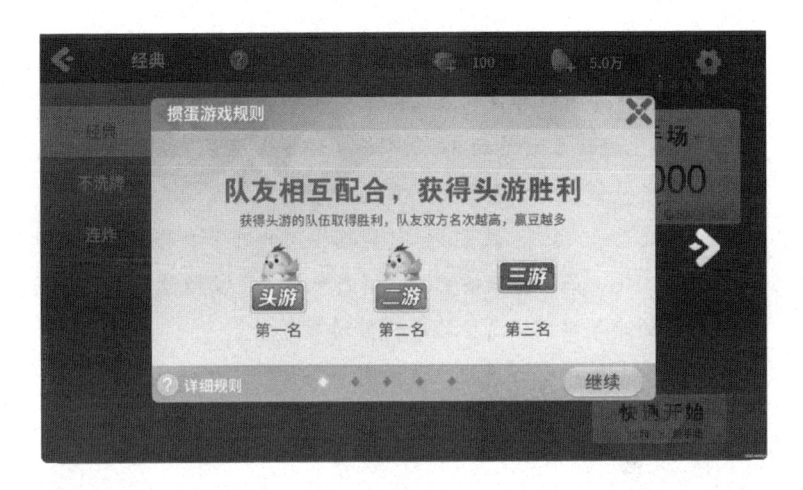

图 5-7

图 5-8

- 兼容游戏：鸿蒙 PC 可能通过兼容层技术，支持部分安卓游戏或其他平台的游戏。例如，有文档提及支持安卓 TOP2000 应用（含《原神》），但部分 Windows 专业软件可能需要通过云电脑方案进行过渡。
- 云游戏平台：用户可以通过浏览器或云游戏客户端，在鸿蒙 PC 上畅玩高质量的 3A 大作。这种方式对 PC 本地硬件配置要求较低，但需要良好的网络环境。
- 游戏助手/模式：鸿蒙 PC 可能提供游戏助手功能，集成了性能优化（如"游戏模式"）、消息免打扰、快捷录屏截图、网络加速等实用工具，从而提升游戏体验。
- 外设支持：支持连接主流的游戏手柄、专用键鼠等外设。

📢 **注意**

鸿蒙 PC 的游戏生态尚处于发展初期，大型 PC 游戏的丰富程度暂时无法与成熟的 Windows 平台相媲美。但其在移动游戏兼容性和云游戏方面的潜力值得期待。

5.4 音乐播放与管理：沉浸在音乐的世界

音乐是调剂生活、舒缓心情的良方。鸿蒙 PC 提供了便捷的音乐播放与管理方式，帮助您更好地享受音乐带来的乐趣。

本地音乐与在线音乐播放

- 音乐播放器：鸿蒙 PC 通常会内置一款音乐播放器，支持常见的音频格式（如 MP3、AAC、FLAC、WAV 等）。您也可以从华为应用市场下载安装自己喜欢的第三方音乐 App（如 QQ 音乐、网易云音乐等的鸿蒙版或兼容版）。
- 导入和管理本地音乐库：如果您有存储在本地的音乐文件，可以将它们导入音乐播放器的媒体库中进行管理。您可以按专辑、歌手、风格等进行分类和播放。
- 在线音乐服务：主流的在线音乐服务，如 QQ 音乐，通常都有 PC 客户端或 Web 版，您只需登录您的账号，即可享受海量曲库、个性化推荐、歌单同步等功能（见图 5-9）。

[鸿蒙特色]音乐跨设备流转

鸿蒙生态的互联特性在音乐体验上也得到了很好的体现。通过超级终端或特定的控制选项，您可以轻松实现音频的跨设备流转：

- PC 音乐切换到音箱/耳机：当您的鸿蒙 PC 正在播放音乐时，如果附近有已连接的鸿蒙智能音箱或蓝牙耳机，您可以通过简单的拖曳操作（在超级终端界面）或控制中心的音频输出切换选项,将音乐无缝切换到这些设备上播放。这样,您可以享受更高品质或更私密的听觉体验。

图 5-9

- 手机音乐在 PC 上控制和播放:反之,您也可以通过协同功能将手机上播放的音乐在 PC 上进行控制,甚至直接调用 PC 的扬声器进行播放。

5.5 电子书阅读：享受沉浸式阅读时光

鸿蒙 PC 也适合进行电子书阅读，提供舒适的沉浸式阅读体验。

- 阅读应用：您可以使用系统内置的华为阅读（见图 5-10）。

图 5-10

- 支持格式：常见的电子书格式（如 EPUB、PDF、TXT、MOBI 等）通常都能得到支持。
- 个性化阅读设置：调整字体大小、字体类型、行间距、背景颜色（如护眼模式、夜间模式）、屏幕亮度等，打造最舒适的阅读环境。
- 功能支持：添加书签、高亮文本、做笔记、查找内容，以及通过华为账号同步阅读进度和书库。

鸿蒙 PC 在多媒体娱乐方面致力于提供流畅、便捷且富有生态协同特色的体验。无论是听音乐、看视频、处理图片还是偶尔玩玩游戏，它都能成为您休闲放松的好伴侣。

第六章

多设备协同与智慧体验：鸿蒙生态的核心魅力

鸿蒙操作系统（HarmonyOS）自诞生之初，其核心竞争力之一便是其强大的分布式技术和全场景智慧体验。在鸿蒙 PC 上，这些特性得到了淋漓尽致的展现，旨在打破设备间的物理壁垒，实现信息和服务的无缝流转。本章将作为重点，详细解读鸿蒙 PC 如何与手机、平板等设备高效协同，以及智能语音助手小艺如何成为您的贴心伙伴，让您深刻感受"万物互联"所带来的便捷与高效。

6.1 鸿蒙生态互联基础：理解"一生万物，万物归一"

要理解鸿蒙 PC 的多设备协同，首先需要了解其背后的技术理念。

分布式技术简介

鸿蒙的分布式技术是其实现全场景体验的基石。简单来说，它允许将多个物理上分离的设备（如手机、平板、PC、智慧屏、音箱、手表等）在系统层面虚拟整合成一个"超级终端"。在这个超级终端中，各个设备的能力（如显示屏、摄像头、麦克风、扬声器、计算单元等）可以被灵活调用和共享。这意味着，您的 PC 不再是一个孤立的设备，而是可以与其他鸿蒙设备协同工作，取长补短，提供前所未有的便捷体验。

相关技术包括分布式软总线、分布式数据管理、分布式任务调度等。这些技术共同构成了鸿蒙分布式系统的基础。

实现多设备协同的前提条件

要充分享受鸿蒙 PC 带来的多设备协同体验，通常需要满足以下基本条件：

- 同一华为账号登录：参与协同的各鸿蒙设备（PC、手机、平板等）都需要登录同一个华为账号。

第六章 多设备协同与智慧体验：鸿蒙生态的核心魅力

- 开启蓝牙和 Wi-Fi：设备间的发现和连接通常依赖蓝牙和 Wi-Fi（或 WLAN 直连）技术。
- 设备间相互信任：首次连接时，设备可能需要在各自的界面上进行授权确认，建立信任关系。
- 系统版本支持：确保所有参与协同的设备都运行支持相关协同功能的鸿蒙系统版本。
- 物理距离：设备间通常需要保持在一定的物理距离内（如蓝牙覆盖范围）。

6.2 PC 与手机/平板高效协同：打破设备边界，提升生产力

鸿蒙 PC 与手机、平板之间的协同是其核心亮点，极大地提升了跨设备工作的效率和便捷性。这主要体现在多屏协同、应用接续、手眼同行等关键功能上。

多屏协同

多屏协同是鸿蒙生态中最具代表性的功能之一，它能将您的手机或平板与 PC 紧密结合，实现多种强大的互动操作。以下是多屏协同的几个关键功能。

- 镜像投屏（手机/平板画面实时投射到 PC）：您可以在 PC 屏幕上完整显示并操作手机或平板的界面。这对于在 PC 上回复手机消息、使用手机独占应用或进行手机操作演示非常方便。
- 扩展显示（将手机/平板作为 PC 的第二块屏幕，部分设备可能支持）：如果支持，可以将手机或平板的屏幕作为 PC 的无线扩展显示器，增加 PC 的工作区域。
- 文件跨屏拖曳（PC 与手机/平板间文件互传）：这是多屏协同的一大亮点。您可以直接用鼠标在 PC 和手机/平板的虚拟屏幕之间拖曳文件（如图片、文档、视频），实现快速无缝传输，无需数据线或第三方应用。据 HarmonyOS 5 介绍，华为分享支持一对四的并发高速传输。

- 键鼠共享（用 PC 键鼠操控手机/平板）：当手机/平板屏幕投射到 PC 后，您可以直接使用 PC 的键盘和鼠标来操作手机/平板上的应用，输入文字、单击按钮等，极大提高操作效率。
- 应用窗口在 PC 上打开手机应用：手机上的应用可以直接在 PC 桌面上以独立窗口的形式打开和运行，体验更接近 PC 原生应用。

启用和玩转多屏协同的操作步骤如下所述。

❶ 确保前提条件满足：PC 和手机/平板登录同一华为账号，开启蓝牙和 Wi-Fi。

❷ 建立连接：通常有多种连接方式。

- 靠近发现：将手机/平板靠近 PC，PC 上可能会弹出连接提示。
- 扫码连接，PC 上显示二维码，手机/平板扫码连接。
- 碰一碰连接（NFC）：如果设备均支持 NFC 且有碰一碰标签，将手机 NFC 区域轻触 PC 的碰一碰标签即可快速连接。
- 通过控制中心/超级终端：在 PC 或手机/平板的控制中心或超级终端界面，选择对方设备进行连接（见图 6-1）。

图 6-1

❸ 开始协同操作：连接成功后，手机/平板的界面会出现在 PC 屏幕上。可以尝试从 PC 桌面拖动一个文件到手机屏幕窗口中，观察文件传输过程（见图 6-2）。在手机屏幕窗口中打开一个聊天应用，尝试使用 PC 键盘输入文字（见图 6-3）。也可以探索在 PC 上调整手机窗口的大小、全屏显示等操作。

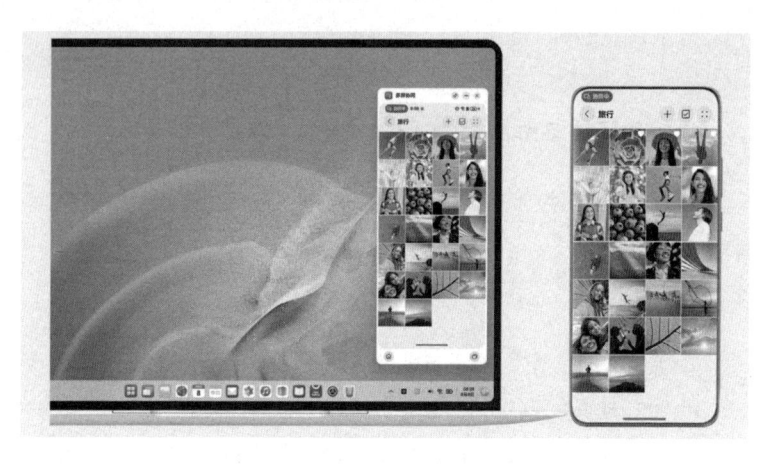

图 6-2

图 6-3

❹ 断开连接：在手机屏幕窗口的控制条上通常有断开按钮，或在 PC/手机的通知中心/控制中心断开连接。

应用接续

应用接续是鸿蒙分布式能力的又一重要体现。它能够让您在一部鸿蒙设备上进行某项任务时（如在手机上编辑文档、浏览网页或参加会议），当靠近另一部已连接的鸿蒙设备（如鸿蒙 PC），任务可以无缝地"流转"到新设备上继续，无须中断和手动重开。例如，华为官网描述："手机上记录的灵感，靠近电脑即可无缝转移并继续完善。通勤途中用手机临时参会，到工位后靠近电脑，便能继续会议。"

使用应用接续的操作步骤如下所述。

❶ 确保 PC 和手机/平板已按上述方式建立协同连接。

❷ 在手机上打开一个支持应用接续的应用（如备忘录、浏览器、邮件等）。

❸ 进行一些操作，如在备忘录中输入文字等。

❹ 将手机靠近 PC，观察 PC 屏幕上是否出现接续提示（可能在任务栏或特定区域显示可接续的应用图标）。

❺ 单击 PC 上的接续提示按钮，检查应用是否在 PC 上打开，并恢复到手机上的操作状态（见图 6-4）。

手眼同行

HarmonyOS 5 引入了"手眼同行"功能。据官网描述："当手机、平板和电脑间实现键鼠共享后，即可使用手眼同行功能。眼睛看向目标设备,光标和键盘就能转移到该设备并使用。电脑端编辑文档时,眼睛看向手机并按下 Ctrl 键,即可用鼠标调用手机中的图片,快速完成图片的选择与插入,一气呵成。"这项技术利用眼动追踪(可能需要特定硬件支持或软件算法实现),使得跨设备焦点切换更加自然和高效(见图 6-5)。

图 6-4

图 6-5

技巧：多屏协同与应用接续的常见应用场景

- 办公：在 PC 上处理工作，手机屏幕镜像在一旁，方便随时查阅手机信息或快速回复消息，而无须频繁拿起手机。您还可以通过文件拖曳功能快速在 PC 和手机间共享工作文档和图片。
- 学习：在 PC 屏幕上观看网课或查阅资料时，手机/平板屏幕可以用来做笔记或查阅辅助材料。应用接续功能保障学习进度不中断。
- 创作：手机拍摄了照片或视频，手眼同行功能可以帮助您通过文件拖曳将这些素材快速导入 PC 进行编辑。
- 日常：在 PC 上浏览网页时，看到有趣的内容可快速分享到手机；如果在手机上未看完的文章，您可以在 PC 上继续阅读。

6.3 智慧语音助手小艺:您的贴心智能伙伴

小艺（Xiaoyi）是鸿蒙系统内置的智能语音助手，深度融合AI能力，旨在成为您高效办公和便捷生活的智能伙伴。在鸿蒙PC上，小艺可以帮助您提升工作效率，简化日常操作，提供智能语音交互体验。

您可以通过多种方式唤醒并与小艺进行交互。

❶ 语音唤醒：默认唤醒词是"小艺小艺"。只需要在麦克风开启的情况下，说出唤醒词即可激活小艺，进行语音指令操作。

❷ 专属按键：部分鸿蒙PC键盘配备了专门的小艺唤醒按键，用户只需要按下该按键即可快速唤醒小艺。

❸ 单击图标：在任务栏或桌面上找到小艺图标并单击。

❹ 开始对话：唤醒小艺后，通常会显示一个麦克风图标或聆听动画，表示小艺正在等待您的指令。在此界面下，您可以直接用自然语言与小艺对话，提出问题或指令，小艺将进行响应（见图6-6）。

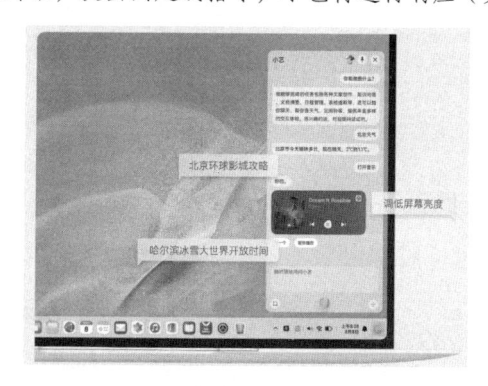

图 6-6

小艺在 PC 上的核心能力

根据华为官方对 HarmonyOS 5 的介绍及新华网等媒体的报道，鸿蒙 PC 上的小艺语音助手具备强大的 AI 能力，且与操作系统深度融合，能够在多个方面提供智能化支持。以下是小艺在鸿蒙 PC 上的一些主要功能。

❶ 基本指令与信息查询

- 打开/关闭应用程序：如"小艺小艺，打开 WPS Office"。
- 搜索本地文件或网络信息：如"小艺小艺，帮我找一下上个月的财务报表"，"小艺小艺，今天天气怎么样？"。
- 查询新闻、股票、百科知识等。
- 设置提醒、闹钟、倒计时等。
- 播放音乐、视频：可能需要关联特定应用来进行音视频播放。

❷ AI 赋能办公与创作

- 小艺慧记：可进行会议录音、实时转写文字、智能生成会议纪要、区分发言人。
- 文档处理与辅助创作：例如，"帮我提取这张图片的文字内容""详细整理下这篇文档，做下财报分析"，"这份 PPT 只帮我保留第一页和最后一页""告诉我今天国际上发生了什么大事件"。甚至还可以辅助生成周报模板、演示文稿、思维导图等（见图 6-7）。

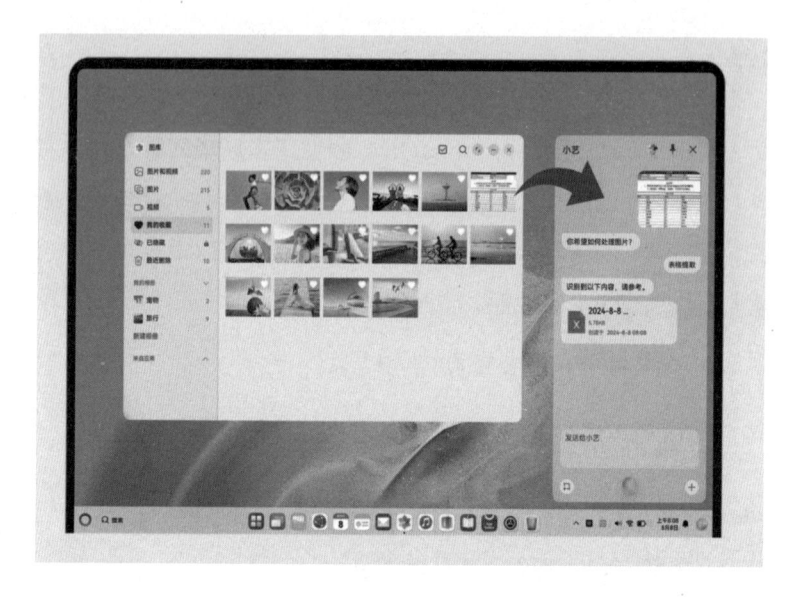

图 6-7

- AI 搜索与知识问答：更智能地理解用户意图，提供精准的搜索结果和答案，甚至进行深度思考和内容推导。
- 小艺圈选翻译：利用小艺圈选图片里的文字、表格并进行翻译。

❸ 控制电脑设置与操作

- 调节系统音量、屏幕亮度：如"小艺小艺，把声音调大一点"。
- 开关 Wi-Fi、蓝牙等连接。
- 打开/关闭省电模式：如"小艺小艺，电量不够了，帮我打开省电模式"。
- 进行一些系统级操作：如"我要打印这份文档""关闭华为浏览器的通知提醒"（见图 6-8）。

图 6-8

常用语音指令场景示例见表 6-1。

表 6-1 常用语音指令场景示例

场 景	语音指令示例	预期小艺操作
打开应用	"小艺小艺,打开浏览器"	启用鸿蒙浏览器
文件操作	"小艺小艺,帮我找一下上周的销售报告"	在本地或云端搜索相关文件并可能列出
信息查询	"小艺小艺,明天北京天气怎么样?"	查询并播报/显示北京明日天气信息
日程管理	"小艺小艺,提醒我下午三点开会"	在日历中创建下午三点的会议提醒
AI 办公	"小艺小艺,帮我总结一下这份文档的核心观点"	对指定的文档内容进行智能摘要
内容创作	"小艺小艺,给我推荐一部本格推理的悬疑片"	根据指令推荐相关内容
系统控制	"小艺小艺,把屏幕亮度调到 50%"	调整屏幕亮度至指定值

小艺个性化设置

您可以在系统设置中找到小艺的相关选项,进行个性化配置,例如:

- 修改唤醒词(如果系统支持自定义)。
- 选择语音偏好(如不同发音人、语速等)。
- 管理小艺的权限(如访问麦克风、位置等)。
- 查看小艺的技能列表或帮助文档。

提示:与小艺高效互动

- 发音清晰自然:使用正常的语速和音量与小艺对话,有助于提高语音识别的准确率。
- 指令明确具体:尽量使用明确的指令,如"打开 WPS Office"比"打开那个写字的软件"更易被理解。
- 逐步探索:小艺的功能会不断迭代增强,多尝试不同的指令,发掘其更多隐藏技能。
- 利用上下文:小艺通常能理解连续对话的上下文,因此您可以进行追问或补充说明。

6.4 超级终端（或其他类似互联中枢）：一拉即合，随心组合

超级终端是鸿蒙分布式理念的直观体现。它通常以一个可视化的界面，将您附近已登录同一华为账号且开启了协同功能的鸿蒙设备（如手机、平板、智慧屏、音箱、耳机等）汇聚一处，让您可以通过简单的拖曳操作，实现设备间的快速连接和能力共享。

功能介绍

通过超级终端，您可以实现设备间的无缝协同与快速连接。具体功能包括：

- 可视化设备发现：清晰看到周围可协同的鸿蒙设备。
- 一拉即合式连接：将一个设备的图标拖曳到另一个设备图标上，即可建立特定场景的协同。例如，将 PC 的音频输出图标拖曳到蓝牙音箱图标上，PC 的声音便会从音箱播放；将 PC 的屏幕内容图标拖曳到智慧屏图标上，PC 画面即可投射到大电视上；将手机的"摄像头"能力拖曳给 PC，PC 可以在视频会议中调用手机的高素质摄像头（如果支持）。
- 动态组合与解散：协同关系可以根据需求随时建立和解除，非常灵活。

体验超级终端的魔力

❶ 打开超级终端界面：通常可以在控制中心找到"超级终端"的入口，或者通过特定的快捷方式快速打开。

❷ 查看附近设备：界面会以气泡或卡片的形式显示 PC 以及附近可被发现的鸿蒙设备。

❸ 尝试拖曳连接：例如，若您的 PC 正在播放音乐，尝试将 PC 图标拖向已连接的鸿蒙蓝牙耳机或音箱图标，观察音频输出是否切换。如果您的手机在超级终端中可见，尝试将 PC 图标拖向手机图标，可能会触发多屏协同的连接（见图 6-9）。

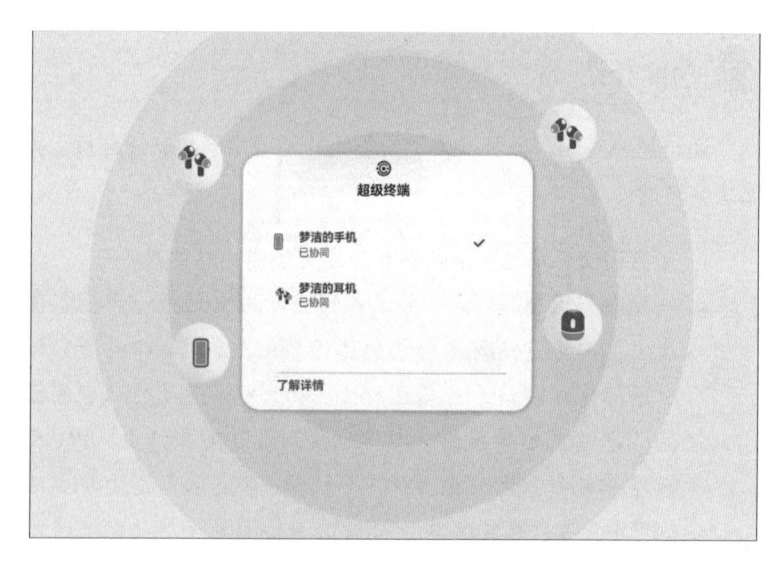

图 6-9

❹ 探索更多组合：根据您拥有的鸿蒙设备种类，尝试不同的拖曳组合，体验不同设备间能力共享的效果。

技巧：自定义与创新玩法

- 部分超级终端界面可能允许您自定义设备卡片的显示顺序或常用组合。
- 结合不同设备的能力，可以创造出许多新颖的应用场景。例如，在 PC 进行视频剪辑时，将音频实时输出到高品质鸿蒙音箱进行监听。

6.5 其他鸿蒙特色智能体验

除上述核心协同功能外,鸿蒙 PC 还具备其他独特的智能体验。例如:

- AI 隔空操控(如果支持):通过先进的手势识别技术,无须触摸屏幕或键鼠,即可对 PC 进行一些基本操作(如翻页、暂停播放等)。
- 全局收藏/中转站:允许用户在不同应用、不同设备间快速收集、暂存和分享内容片段(如文字、图片、链接等)。
- 智慧识屏(如果集成):对屏幕显示内容进行智能识别,快速提取文字、识图购物、翻译等。

这些功能的具体实现和操作方法,请您查阅设备说明书或在系统内探索发现。每增加一项这样的特色功能,都将进一步丰富鸿蒙 PC 的智慧内涵。本章详细介绍了鸿蒙 PC 在多设备协同和智慧交互方面的核心能力。正是这些功能的深度融合,使得鸿蒙 PC 不仅仅是一台个人电脑,更是一个融入广大鸿蒙生态的智能中枢。熟练运用这些功能,将极大地提升您的数字生活品质和工作学习效率。

第三部分

核心功能与进阶操作：释放鸿蒙 PC 的澎湃动力

第七章

网络连接与畅游互联：
打造无缝数字生活

在数字时代，网络连接是 PC 最基本也是最重要的功能之一。无论是工作、学习还是娱乐，顺畅的网络连接是保证一切活动高效进行的前提。本章将详细介绍如何在鸿蒙 PC 上进行 Wi-Fi 连接、蓝牙设备管理，以及利用网络共享功能，助您轻松融入互联世界。

7.1 Wi-Fi 网络连接与管理：随时随地接入互联网

Wi-Fi（无线保真）技术使我们摆脱了网线的束缚，能够便捷地在家庭、办公室、咖啡馆等各种场所接入互联网。

轻松连接 Wi-Fi 网络

❶ 打开 Wi-Fi 设置：通常可以通过单击任务栏右下角的网络图标（或在控制中心找到 Wi-Fi 开关）来快速访问 Wi-Fi 设置。或者，单击"设置"图标，在弹出的界面中单击"WLAN"选项。

❷ 开启 WLAN 开关：确保 WLAN（Wi-Fi）功能已开启。开启后，系统会自动搜索附近可用的无线网络。

❸ 选择目标网络：在搜索到的 Wi-Fi 网络列表中，找到您希望连接的网络名称（SSID），如您家中的路由器名称或公共场所提供的网络名称（见图 7-1）。

❹ 输入密码并连接网络：如果所选网络是加密的（通常网络名称旁会有锁形图标），单击网络名称后会弹出密码输入框。准确输入 Wi-Fi 密码后，单击"连接"选项或按回车键。

❺ 验证连接状态：连接成功后，网络图标通常会显示已连接状态和信号强度。您可以尝试打开浏览器访问网页，以确认网络是否正常工作。

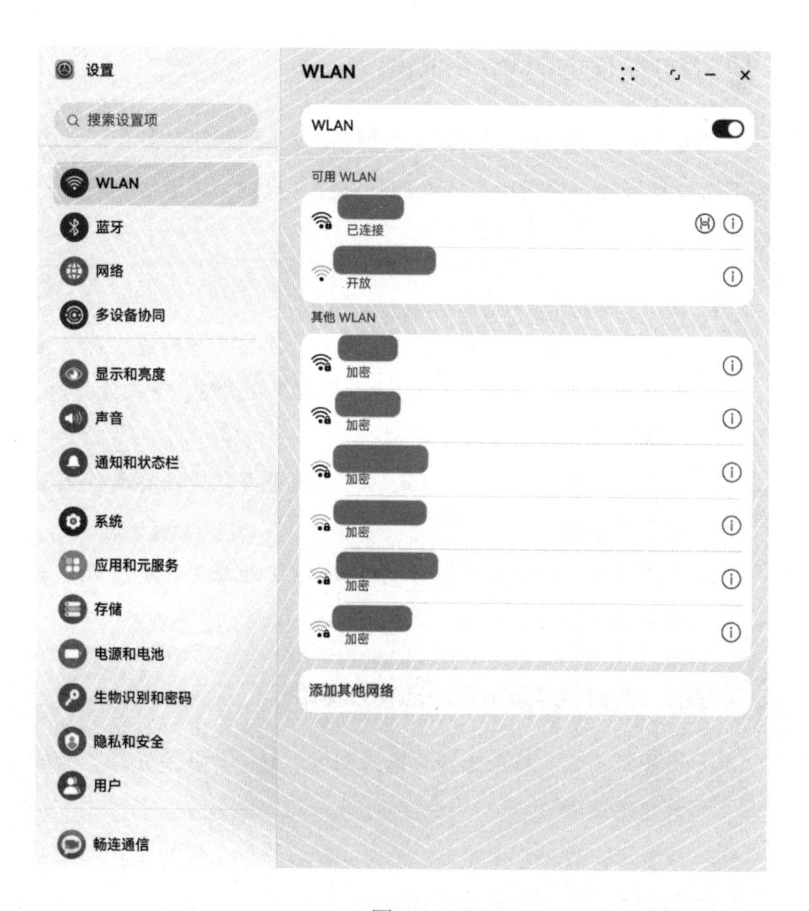

图 7-1

查看当前 Wi-Fi 网络属性

连接到 Wi-Fi 后,您可以查看当前网络的详细属性。通常,在网络设置中,单击已连接的网络名称,可以查看信号强度、连接速度、分配到的 IP 地址、子网掩码、网关、DNS 服务器等信息。这些信息在进行网络故障排除时可能非常有用。

管理已保存的 Wi-Fi 网络

鸿蒙 PC 会自动保存您成功连接过的 Wi-Fi 网络及其密码，方便下次自动连接。您可以在 WLAN 设置中找到"管理已知网络"或类似选项，并进行以下操作：

- 查看已保存网络列表。
- 忘记网络：如果您不希望 PC 再自动连接某个网络，或者该网络的密码已更改，可以选择"忘记"此网络。下次连接时，系统将要求您重新输入密码。
- 设置自动连接：可以为特定网络设置是否在进入其覆盖范围时自动连接。
- 修改网络属性（高级）：如手动设置 IP 地址等（不建议普通用户随意修改）。

提示：Wi-Fi 连接常见故障初步排除

- 检查路由器：确保路由器电源正常，指示灯状态正确。尝试重启路由器。
- 检查 PC 的 Wi-Fi 开关：确保 PC 的物理或软件 Wi-Fi 开关已打开，飞行模式已关闭。
- 密码是否正确：确认输入的 Wi-Fi 密码大小写无误。
- 距离和障碍物：离路由器过远或中间有较多障碍物会影响信号强度。
- 重启 PC 网络适配器：在设备管理器中尝试禁用再启用 WLAN 适配器，或直接重启 PC。
- 查看系统网络诊断工具：鸿蒙 PC 提供网络诊断工具，尝试运行它来获取帮助。

Wi-Fi 网络安全注意事项

在使用 Wi-Fi 网络时，尤其是公共 Wi-Fi，务必注意安全：

- 避免连接来源不明或不加密（开放）的公共 Wi-Fi：这类网络很容易被黑客监听，窃取您的个人信息。
- 确认网络名称（SSID）的真实性：在公共场所，警惕伪装成官方名称的恶意热点，确保连接的是正规网络。
- 使用强密码保护家庭 Wi-Fi：设置复杂的 Wi-Fi 密码，并定期更换。使用 WPA2 或 WPA3 加密方式，提升安全性。
- 关闭文件共享：在连接公共 Wi-Fi 时，确保关闭 PC 上的文件和打印机共享功能，避免潜在的安全风险。
- 使用虚拟专用网络（VPN）：在公共 Wi-Fi 上传输敏感数据时，考虑使用 VPN 服务对流量进行加密，保护隐私。
- 及时更新系统和安全软件：保持操作系统和安全防护软件为最新版本，以抵御已知漏洞，防止恶意软件攻击。

7.2 蓝牙设备连接与管理：无线拓展您的操作空间

蓝牙技术使得 PC 可以无线连接各种外设，如鼠标、键盘、耳机、音箱、手写笔、游戏手柄等，甚至与其他设备进行数据传输。

配对与连接蓝牙设备

❶ 开启 PC 蓝牙功能：在控制中心找到蓝牙开关并开启，或进入系统界面，单击"设置"图标，在弹出的界面中单击"蓝牙"选项，确保蓝牙功能已打开。

❷ 使蓝牙设备进入配对模式：根据您蓝牙设备（如蓝牙鼠标、耳机等）的说明书，将其设置为可被搜索和配对的状态。通常需要长按设备上的特定按钮，直到指示灯闪烁。

❸ 系统开始扫描附近的蓝牙设备（见图 7-2）。

❹ 选择设备进行配对连接：当您的蓝牙设备出现在搜索列表中时，单击其名称。系统可能会显示一个配对码，请在蓝牙设备上确认（如果设备有显示屏或提示音）或直接在 PC 上单击"连接"或"配对"选项。

❺ 完成连接：配对成功后，设备状态会显示为"已连接"，您就可以开始使用该蓝牙设备了。

管理已连接的蓝牙设备

在蓝牙设置界面，您可以看到所有已配对和当前连接的蓝牙设备列表。对于每个设备，您可以：

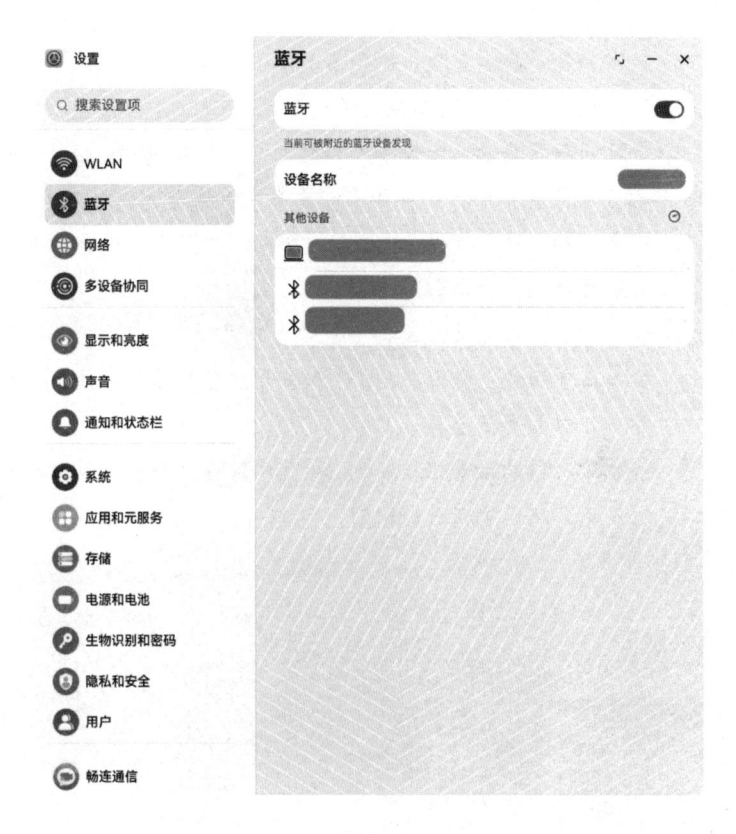

图 7-2

- 查看连接状态和电池电量（部分设备支持）。
- 断开连接：临时断开与该设备的蓝牙连接，但设备仍然保留在已配对列表中，方便下次快速连接。
- 移除设备（取消配对）：从 PC 中删除该设备的配对信息，意味着下次使用时需要重新配对。

提示

蓝牙连接不稳定或失败的常见原因及解决方法具体如下所述：

- 距离问题：蓝牙有效传输距离有限（通常 10 米以内），确保 PC 和蓝牙设备不要离得太远。
- 干扰问题：其他无线设备（如微波炉、某些 Wi-Fi 频段、其他蓝牙设备）可能会对蓝牙信号产生干扰。
- 蓝牙驱动程序：确保 PC 的蓝牙驱动程序是最新的，系统更新通常会包含驱动程序更新。
- 设备电量：检查蓝牙设备电量是否充足。
- 重启蓝牙功能：尝试关闭 PC 和蓝牙设备的蓝牙功能，然后重新开启并尝试连接。
- 清除配对信息后重试：在 PC 和蓝牙设备上都移除对方的配对信息，然后重新进行配对。

7.3 有线网络连接：稳定高速的网络体验

虽然 Wi-Fi 非常便捷，但在某些对网络稳定性、速度和安全性要求极高的场景（如在线竞技游戏、大文件传输、特定办公环境）中，有线网络（以太网）连接仍然是更优的选择。

❶ 连接以太网线：将一端带有 RJ-45 接口的网线插入鸿蒙 PC 的以太网端口（如果您的 PC 配备此接口），另一端连接到路由器、交换机或墙上的网络插座。

❷ 系统自动识别：通常情况下，鸿蒙 PC 会自动检测到有线网络连接，并尝试通过动态主机配置协议（DHCP）自动获取 IP 地址等网络配置。

❸ 查看连接状态：您可以在网络设置中查看有线网络的连接状态。如果连接成功，网络图标也会相应变化。

注意：如果您的鸿蒙 PC（尤其是轻薄本）没有内置以太网端口，您可能需要使用 USB 转以太网的适配器来实现有线连接。

掌握了本章介绍的网络连接与管理方法，您的鸿蒙 PC 就能更好地融入数字生活，无论是获取信息、与人沟通还是享受在线服务，都将畅通无阻。

第八章

账户管理与云服务：您的数字身份与云端大脑

在鸿蒙生态系统中，华为账号扮演着至关重要的角色。它不仅是您登录和使用鸿蒙 PC 的凭证，更是连接各项云服务、实现多设备数据同步与协同的枢纽。本章将指导您如何管理华为账号，保障账户安全，并充分利用华为云空间等服务，让您的数字生活更加便捷与安心。

8.1 华为账号：鸿蒙生态的通行证

正如在第一章首次启动设置中提到的，华为账号是解锁鸿蒙 PC 完整体验，尤其是其强大的生态互联功能的"金钥匙"。

华为账号的核心地位

- 数据同步：通过同一华为账号，您可以在不同的鸿蒙设备（PC、手机、平板等）之间同步重要数据，如联系人、备忘录、日历、照片、浏览器书签、Wi-Fi 密码等。
- 服务访问：许多华为提供的服务，如应用市场、云空间、主题商店、查找设备等，都需要登录华为账号才能使用。
- 设备协同：实现多屏协同、超级终端、应用接续等强大的跨设备协同功能，前提也是各设备登录了同一个华为账号。
- 个性化设置漫游：部分系统和应用的个性化设置也可能通过华为账号在不同设备间同步。

您可以在鸿蒙 PC 的系统设置中轻松管理您的华为账号：

❶ 进入系统界面，单击"设置"图标。

❷ 在设置界面的顶部或显著位置，通常会看到已登录的华为账号信息入口，单击进入即可。

❸ 在此界面，您可以查看到您的账号名、头像、昵称等基本信息。

❹ 您可以修改个人资料，如更换头像、修改昵称、设置性别和生日等。

❺ 管理关联的手机号码、安全邮箱（用于找回密码、接收安全通知）、修改密码、设置安全问题等。

❻ 付款与账单：管理与账号关联的支付方式、查看购买记录等。

❼ 云空间：查看云空间使用情况、管理同步等选项。

❽ 我的设备：查看已登录此华为账号的所有设备列表。

8.2 账户安全设置：保护您的数字资产

华为账号中存储了您的个人信息和数据，保障其安全至关重要。鸿蒙系统提供了多种安全设置来增强账户防护。

增强账户安全性

在华为账号管理的"账号安全"部分，您可以进行以下设置：

- 修改登录密码：定期修改密码，并使用包含大小写字母、数字和特殊符号的强密码（至少8位以上，避免使用生日、电话号码等易猜信息）。
- 绑定安全手机号和安全邮箱：这是非常重要的安全措施。当您忘记密码或账号出现异常时，可以通过已验证的安全手机号或邮箱来找回密码、接收验证码、获取安全通知。
- 开启双重验证：开启后，在陌生设备或浏览器上登录华为账号时，除输入密码外，还需要输入发送到您信任设备（如手机）上的验证码，极大提升了账户安全性（见图8-1）。
- 设置安全问题（如果提供）：设置几个只有您知道答案的安全问题，作为额外的身份验证手段。
- 管理已登录设备（信任设备列表）：查看当前有哪些设备已登录您的华为账号。如果发现有陌生设备，应立即将其移除，并修改密码。
- 查看登录历史/安全活动：定期检查账号的登录记录，注意是否有异常的登录地点或时间。

第八章　账户管理与云服务：您的数字身份与云端大脑 | 105

图 8-1

- 开启账号保护：部分系统会提供"账号保护"功能，当检测到异常登录尝试时会进行拦截或提醒。

账户安全最佳实践

- 不要在多个重要账号（如银行、社交媒体、邮箱、华为账号）使用相同的密码。
- 警惕任何索要您华为账号密码或验证码的邮件、短信或电话，华为官方不会主动向您索取这些信息。
- 避免在公共场合或不安全的网络环境下登录您的华为账号。
- 定期更新您的操作系统和应用程序，修补已知的安全漏洞。

8.3 华为云空间：您的个人数据保险箱

华为云空间是为华为账号用户提供的云存储服务，旨在安全备份您的个人数据，并在各个鸿蒙设备间实现无缝同步。

云空间功能介绍

通过华为云空间，您可以自动备份与同步：

- 图库：照片和视频可以自动上传到云端，节省本地存储空间，并可在所有设备上查看。
- 联系人、日历、备忘录、WLAN 设置：这些常用信息可以实时同步，确保在任何设备上都是最新的。
- 浏览器书签和历史（部分）：方便在不同设备间接续浏览。
- 录音、骚扰拦截数据等：这些信息也可以通过云同步进行管理。
- 文档（部分支持）：特定格式或位置的文档也可能支持云同步。
- 查找设备：如果您的鸿蒙设备丢失，可以通过云空间定位设备、使其响铃、锁定设备或擦除数据，保护隐私。
- 云盘（云存储）：提供一定容量的免费云存储空间，您可以手动上传和管理各类文件。如果需要更大空间，可以付费升级。

第八章 账户管理与云服务：您的数字身份与云端大脑 | 107

💡 不同云空间套餐

华为云空间通常会提供一定额度的免费存储空间（如 5GB）。如果您的数据量较大，超出了免费额度，可以根据需求选择购买不同容量的付费套餐（如 50GB、200GB、2T 等）。付费套餐通常按月或按年订阅。

💡 配置和管理云同步选项

❶ 进入系统界面，单击"设置"图标，在弹出的界面中单击顶部的华为账号，然后选择"云空间"。

❷ 管理存储空间：在弹出的界面中您可以查看当前云空间的总容量、已用容量和剩余容量，以及各项数据占用的空间详情（见图 8-2）。

图 8-2

❸ 数据同步设置：您可以看到一个支持云同步的数据类型列

表（如图库、联系人、备忘录等）。针对每项数据，您可以开启或关闭同步开关。部分数据类型可能还有更详细的同步设置选项。例如，图库可以设置仅在 WLAN 下同步、是否同步优化设备存储空间（本地保留较小预览图，原图在云端）等。

❹ 升级云存储空间：如果需要更多空间，可以在此找到升级云存储套餐的入口。

❺ 查找设备：确保"查找我的设备"功能已开启。

8.4 [可选]多用户模式：共享 PC 的安全之道

如果您的鸿蒙 PC 会与家人或同事共享使用，多用户功能可以帮助保护每个人的数据隐私和个性化设置。

多用户账户管理

如果鸿蒙 PC 支持创建多个本地用户账户，您可以享受以下功能：

- 创建新用户：管理员可以在系统设置的"账户"或"用户和群组"部分创建新的标准用户或管理员用户。每个用户都可以设置自己的登录密码、桌面背景、应用程序偏好等。
- 数据隔离：每个用户的文件、浏览器历史、应用数据等通常是相互独立的，一个用户无法直接访问另一个用户的私人数据，除非共享文件夹设置了相应权限。
- 切换用户：可以从登录界面选择不同用户登录，或在当前用户登录状态下快速切换到其他用户，当前用户的工作状态会被保留（见图 8-3）。

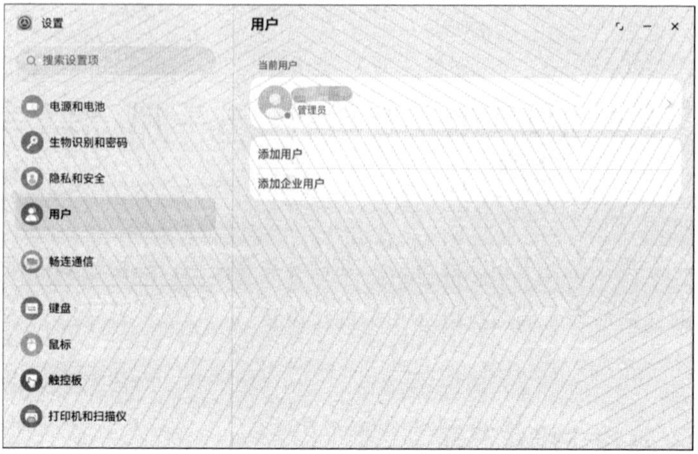

图 8-3

第九章

系统维护、安全与隐私：守护您的数字家园

一台稳定、安全、尊重隐私的 PC 是高效工作和愉快娱乐的基础。鸿蒙 PC 在设计之初就充分考虑了系统维护的便捷性、安全防护的严密性以及对用户隐私的保护。本章将指导您如何进行系统更新、管理存储空间、备份与恢复数据，以及配置各项安全和隐私设置，确保您的数字家园稳固如初。

9.1 系统更新与升级：保持系统最新与最佳状态

及时更新操作系统是获取新功能、提升性能和修补安全漏洞的重要途径。

系统更新的重要性

- 功能增强：新版本通常会带来新的功能和改进，提升用户体验。
- 性能优化：更新可能包含对系统性能的优化，使 PC 运行更流畅。
- 安全修复：最重要的是，系统更新会及时修补已知的安全漏洞，抵御病毒和恶意软件的攻击。
- 兼容性提升：改善对新硬件和软件的兼容性。

检查和安装系统更新

❶ 进入系统界面，单击"设置"图标。

❷ 在弹出的界面中找到"系统和更新"或"软件更新""检查更新"等相关选项。

❸ 检查更新：单击"检查更新"按钮，系统会自动连接到华为服务器，查看是否有可用的新版本。

❹ 自动更新设置：您通常可以设置系统在 WLAN 环境下自动下载更新包，并在夜间或您指定的时间自动安装更新包（见图 9-1）。

❺ 下载与安装：如果检测到新版本，系统会提示您下载。下

第九章　系统维护、安全与隐私：守护您的数字家园 | 113

载完成后，您可以选择立即安装或稍后安装。安装过程可能需要重启电脑数次，请确保在安装前保存好所有工作，并保持电源连接。

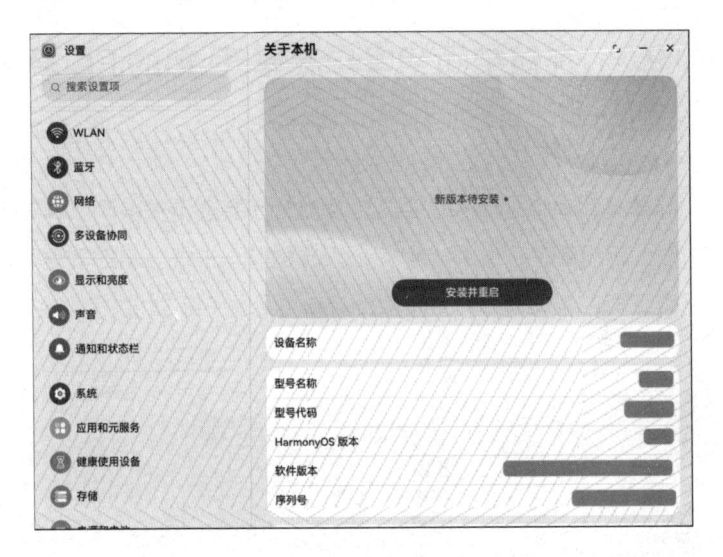

图 9-1

理解不同类型的更新

安全补丁：主要修复已发现的安全漏洞，通常体积较小，建议尽快安装。

功能更新/维护版本：带来一些新功能优化和 Bug 修复，提升系统稳定性和易用性。

大版本升级（如 HarmonyOS 5 到 HarmonyOS 6）：包含重大的界面变化、核心功能革新和底层架构升级。

> 提示
>
> 在进行大版本升级前，建议备份重要数据，以防万一。

9.2 存储空间管理与清理：让您的 PC 轻装上阵

随着使用时间的增长，PC 的存储空间会逐渐被各种文件（系统文件、应用缓存、下载内容、个人文档等）占据。定期管理和清理存储空间，有助于保持 PC 运行流畅（见图 9-2）。

图 9-2

系统清理工具的使用

鸿蒙 PC 内置系统清理工具可以帮助您：

- 扫描并清理垃圾文件：如应用缓存、系统临时文件、卸载残留、无用日志等。
- 管理大文件：扫描并列出占用空间较大的文件，方便您判断是否需要删除或转移。
- 卸载不常用应用：列出已安装的应用，并可能按使用频率或占用空间排序，方便您卸载不再需要的应用。

定期运行系统清理工具，可以有效释放存储空间，提升系统性能。

手动清理技巧

- 清空回收站：删除的文件会先进入回收站，需要清空回收站才能真正释放空间。
- 检查"下载"文件夹：这里通常堆积了大量一次性使用的下载文件，及时清理。
- 管理个人文档、图片、视频库：删除不再需要的旧文件，或将不常用的文件备份到外部存储设备或云端。

浏览器缓存清理：定期清理浏览器的缓存和历史记录。

提示

在清理文件前，务必确认文件不再需要，避免误删重要数据。对于不确定的系统文件，不要随意删除。

9.3 备份与恢复:为您的数据保驾护航

数据是无价的。无论是硬件故障、软件问题还是误操作,都可能导致数据丢失。建立良好的备份习惯至关重要。

备份的重要性与策略

- 重要性:避免因意外导致重要个人文件、工作文档、珍贵照片等永久丢失。
- 选择备份内容:您可以选择备份整个系统(包括操作系统、应用和所有数据),或者只备份特定的重要文件夹和文件。
- 选择备份介质:可以使用移动硬盘、大容量 U 盘,或利用网络存储(NAS)、云存储服务进行备份。
- 选择备份频率:根据数据的重要性和更新频率,决定备份的周期(如每天、每周、每月)。
- 3-2-1 备份原则(推荐):至少保留 3 份数据副本,存储在 2 种不同类型的介质上,其中至少有 1 份异地备份。

鸿蒙 PC 提供系统级的备份与恢复工具:

- 系统映像备份(整机备份):创建整个系统驱动器的完整副本,可以在系统崩溃时用于恢复到备份时的状态。
- 文件历史记录/版本控制((类似功能):自动备份重要文件夹中文件的多个版本,方便恢复到之前的某个时间点。

- 恢复点创建：在进行重大系统更改（如安装驱动、大更新）前，手动创建系统恢复点。

您也可以选择使用第三方的专业备份软件，它们通常提供更灵活的备份选项和更高级的功能。

9.4 安全中心与病毒防护：抵御恶意软件威胁

鸿蒙系统在设计上注重安全性，但良好的安全习惯和防护措施仍然是必要的。

HarmonyOS 5 具有"纯净安全"的特性：

- 应用权限控制：严格管理应用对系统资源和用户数据的访问权限，防止滥用。
- 应用来源管控：华为应用市场对上架应用进行安全审核，从源头减少恶意软件。系统可能也会对安装未知来源应用进行风险提示。
- 安全内核与可信执行环境（TEE）：微内核设计和 TEE 技术有助于隔离敏感操作和数据，提升系统整体安全性。

> **提示：培养安全上网习惯**
>
> - 不随意下载和运行来源不明的软件或文件。
> - 不单击可疑的邮件附件或不明链接。
> - 对免费 Wi-Fi、共享软件等保持警惕。
> - 使用复杂且唯一的密码，并定期更换。
> - 妥善保管个人敏感信息（如身份证号、银行卡号、密码），不在不安全的网站或应用中输入。

9.5 隐私保护设置：掌控您的个人信息

鸿蒙操作系统强调用户对数据的掌控权，提供了丰富的隐私保护设置。

应用权限的精细化管理回顾

如第二章所述，您可以随时在系统设置中查看和修改每个应用获取的权限（如位置、相机、麦克风、联系人、存储等）。只授予应用运行所必需的最小权限。

隐私相关设置

在系统"设置"的"隐私和安全"部分，您通常可以选择以下选项（见图9-3）：

- 位置服务：控制哪些应用可以使用您的位置信息，以及位置服务的精度（如GPS、WLAN和移动网络等）。
- 广告跟踪与个性化推荐：您可以选择限制广告跟踪，或关闭基于您使用行为的个性化广告和内容推荐。
- 麦克风和摄像头访问指示：当有应用使用麦克风或摄像头时，系统通常会在状态栏显示明显提示图标。
- 剪贴板访问提示：当有应用读取剪贴板内容时，可能会有提示。
- 诊断数据与用户体验改进：您可以选择是否向华为发送匿名的诊断数据和使用统计信息，以帮助改进产品和服务。

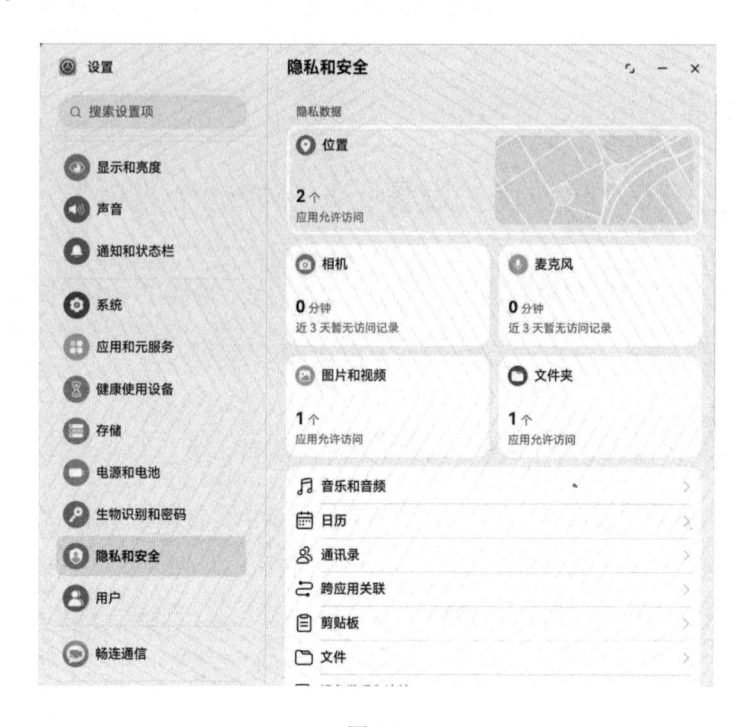

图 9-3

[鸿蒙特色]纯净模式、隐私空间等

HarmonyOS 5 强调每个应用都经过层层把控，不满足安全要求的应用无法在华为应用市场上架、并被安装和运行，从源头上确保应用的纯净性。

- 纯净模式：默认开启，只允许安装来自华为应用市场的应用，或对应用行为进行更严格的限制，提供更纯净安全的运行环境。
- 隐私空间/安全文件夹：创建一个独立加密的空间，用于存放敏感应用和私密文件，需要单独的密码或生物识别才能访问。
- 文件加密与安全分享："数据离开设备，依旧由你掌控。文件加密分享，秘密只分享给指定的人。"

9.6 设备查找与锁定：防止丢失与数据泄露

如果您的鸿蒙 PC（尤其是笔记本）7 不慎丢失或被盗，查找设备功能可以帮助您定位并保护数据。

使用"查找设备"

❶ 确保功能已开启：在系统首次设置或后续的华为账号与云空间设置中，确保"查找我的设备"（或类似名称）功能已开启。PC 需要联网才能被定位。

❷ 定位设备：当设备丢失时，您可以在其他联网设备（如手机、另一台电脑）上，通过浏览器访问华为云空间官网（cloud.huawei.com），登录与丢失 PC 相同的华为账号。

❸ 执行远程操作：在"查找设备"功能中，您通常可以：

❹ 定位：在地图上查看设备的大致位置（如果设备在线且开启了定位服务）。

❺ 播放声音：使设备以最大音量播放声音，帮助您在附近找到它。

❻ 丢失模式/锁定设备：远程锁定设备，并可在锁屏界面显示自定义信息（如联系方式）。

❼ 擦除数据：作为最后的手段，如果确认无法找回设备，可以远程擦除设备上的所有数据，防止隐私泄露。此操作不可逆。

📢 **注意**

"查找设备"的有效性依赖于设备是否开机、联网、开启定位服务,以及电池是否有电。

通过本章的学习,您已掌握了鸿蒙 PC 系统维护、安全设置和隐私保护的关键知识。养成良好的使用习惯,定期进行维护和检查,将使您的鸿蒙 PC 始终处于最佳状态,并为您的数字生活提供坚实的安全保障。

第十章

网络高级设置与故障排除

在第七章我们介绍了基本的网络连接。本章将进一步探讨鸿蒙 PC 上的一些网络高级设置选项,并提供常见网络故障的排除思路,帮助您更深入地理解和管理鸿蒙 PC 的网络环境,以及在遇到连接问题时能快速定位和解决。

10.1 手动配置 IP 地址、DNS 与代理服务器

在大多数情况下,鸿蒙 PC 连接到网络时会自动通过 DHCP(动态主机配置协议)获取 IP 地址、子网掩码、网关和 DNS 服务器地址。但在某些特定网络环境(如部分企业网络、需要固定 IP 的场景)或进行故障排除时,您可能需要手动配置这些参数(见图 10-1)。

图 10-1

❶ 进入系统界面,单击"设置"图标,在弹出的界面中单击"WLAN"选项。

❷ 在弹出的界面中单击当前已连接的网络,或找到管理网络

属性的选项。

❸ 查找"IP 设置"或类似选项，将其从"DHCP"更改为"静态"。

❹ 随后，您需要输入以下信息（这些信息通常由网络管理员提供，或根据您的网络规划设定）：

- IP 地址：您希望为 PC 分配的静态 IP 地址（如 192.168.1.100）。此地址在局域网内必须唯一。
- 子网掩码：通常为 255.255.2555。
- 网关（默认网关/路由器地址）：通常是您路由器的 IP 地址（如 192.168.1.1）。

❺ 保存设置。配置完成后，您的 PC 将使用您指定的静态 IP 地址。

📢 注意

错误地手动配置 IP 地址可能导致无法上网。如果您不确定如何配置，请保持自动获取（DHCP）状态或咨询网络管理员。

手动配置 DNS 服务器

DNS（域名系统）服务器负责将我们易于记忆的网站域名（如 www.huawei.com）解析为计算机能够理解的 IP 地址。通常由 ISP（互联网服务提供商）自动分配，但您也可以手动指定公共 DNS 服务器（如 Google DNS：8.8.8.8，8.8.4.4；Cloudflare DNS：1.1.1.1，1.0.0.1；阿里 DNS：223.5.5.5，223.6.6.6）以期获得更快的解析速度或特定功能。

在手动配置 IP 地址的界面，您可以输入首选 DNS 服务器（域名 1）和备用 DNS 服务器（域名 2）的地址。

10.2 使用网络诊断工具进行故障排查

当遇到网络连接问题时，鸿蒙 PC 提供内置的网络诊断工具，或者您可以利用一些基础的命令行工具来帮助定位问题。

- 系统自带网络诊断功能：在网络设置中，可能会有"网络疑难解答""诊断网络问题"或类似选项。运行此工具，系统会自动检测常见的网络配置错误（如 IP 冲突、DNS 问题、网关无法访问等）并尝试修复或给出建议。
- Ping 命令：打开命令行终端，使用 ping 命令（如 ping www.huawei.com 或 ping 192.168.1.1）来测试与目标的网络连通性。

如果能收到回复，说明网络基本通畅。注意观察延迟时间和丢包率。

如果请求超时或目标主机不可达，可能存在网络故障或目标服务器问题。

- Ipconfig/Ifconfig 命令（视系统而定）：在命令行输入该命令（Windows 中为 ipconfig，Linux/macOS 中为 ifconfig 或 ip addr，鸿蒙采用其一或类似命令），可以查看本机的详细网络配置信息，如 IP 地址、子网掩码、默认网关、MAC 地址等，有助于检查配置是否正确。
- Tracert/Traceroute 命令：用于追踪数据包从您的 PC 到目标主机所经过的路径。这有助于判断网络延迟或中断发生在哪个网络节点。

10.3 常见网络问题的分析与解决思路

以下是一些常见的网络问题及其可能的分析和解决方向：

（1）无法上网（所有网站都打不开）。

检查物理连接（网线是否插好，Wi-Fi 是否连接，路由器指示灯是否正常）。

- 重启 PC、路由器和光猫（Modem）。
- 检查 IP 地址和 DNS 设置是否正确（尝试自动获取或更换公共 DNS）。
- 运行网络诊断工具。
- 检查防火墙或安全软件是否阻止了网络访问。
- 联系 ISP 确认宽带服务是否正常。

（2）特定网站打不开，其他正常。

- 可能是该网站服务器问题，尝试稍后再访问。
- 清除浏览器缓存和 Cookies。
- 尝试更换 DNS 服务器。
- 检查是否受代理服务器设置影响。
- 该网站可能被防火墙或特定网络策略阻止。

（3）网速慢。

- 进行网速测试（使用在线测速网站或应用）。
- 检查是否有其他设备或应用占用了大量带宽（如下载、在线视频等）。

- 如果是 Wi-Fi 连接，检查信号强度，尝试靠近路由器或减少干扰。
- 重启路由器和光猫。
- 更新网络适配器驱动程序（如果适用）。
- 联系 ISP 咨询带宽情况或是否有线路问题。

（4）Wi-Fi 频繁断线。

- 信号干扰或信号弱是常见原因。尝试更换 Wi-Fi 信道、调整路由器位置。
- 路由器固件过旧，尝试升级路由器固件。
- Wi-Fi 适配器驱动问题。
- 路由器过热或负载过高。

（5）IP 地址冲突。

- 症状是网络时断时续，或提示 IP 地址与网络上其他系统有冲突。
- 确保网络中所有设备都使用 DHCP 自动获取 IP，或手动分配的静态 IP 地址不重复。重启路由器和冲突设备可能解决问题。

10.4 VPN 连接的设置与使用

VPN（虚拟专用网络）可以在公共网络上建立加密的隧道，用于保护数据传输安全、访问公司内网资源或绕过地理限制。鸿蒙 PC 支持配置 VPN 连接。

设置 VPN 连接

❶ 进入系统界面，单击"设置"图标，在弹出的界面中单击"网络"->"VPN"选项。

❷ 在弹出的界面中单击"添加 VPN 连接"。

❸ 根据您的 VPN 服务提供商或公司 IT 部门提供的信息，填写以下内容：

- VPN 提供商：选择相应的 VPN 协议类型（如 PPTP、L2TP/IPsec、OpenVPN、IKEv2 等，鸿蒙 PC 支持的协议类型可能有所不同）。
- 连接名称：为此 VPN 连接起一个易于识别的名称。
- 服务器名称或地址：VPN 服务器的域名或 IP 地址。
- VPN 类型特定的认证信息：如预共享密钥（L2TP/IPsec）、用户名和密码、证书等。

❹ 保存设置。

❺ 在 VPN 列表中，单击您创建的连接，然后单击"连接"按钮，输入用户名和密码（如果需要）。

通过本章的学习，您对鸿蒙 PC 的网络高级设置和常见故障排除应有了更深入的了解。这些知识将帮助您更好地应对复杂的网络环境和突发的连接问题。

第十一章

常见问题与故障排除：您的随身技术顾问

在使用任何一款 PC 的过程中，都可能遇到各种各样的问题。本章旨在汇总一些鸿蒙 PC 用户可能经常遇到的问题，并提供相应的故障排除思路和解决方案，希望能成为您处理日常小麻烦时的得力助手。在尝试复杂操作前，请确保已备份重要数据。

11.1 开机与启动问题

问题现象：PC 无法开机；开机后屏幕无显示；启动速度异常缓慢；系统卡在启动画面（如品牌 Logo 或鸿蒙 Logo 处）无法进入桌面。

可能原因及解决方案：

（1）电源问题。

- 检查电源线是否松动，插座是否有电。
- 对于笔记本，确认电池是否有电，尝试连接电源适配器后再开机。
- 电源适配器本身存在故障。

（2）显示问题。

- 对于台式机，检查显示器电源是否开启，视频线（HDMI、DP 等）是否连接牢固。
- 尝试连接外接显示器（笔记本），判断是屏幕问题还是主机问题。

（3）外设冲突：移除所有不必要的 USB 外设（如 U 盘、移动硬盘、打印机等），然后尝试开机。

（4）系统文件损坏。

- 如果能进入安全模式或恢复环境（通常在开机时按特定键，

如 F8、F12、Del 等，具体请查阅设备手册或开机提示），尝试进行系统修复或还原到上一个正常状态的恢复点。
- 强制关机（长按电源键）并重启数次，部分系统可能会自动进入修复模式。
- 硬件故障：如内存条松动或损坏、硬盘故障、主板问题等。这种情况通常需要专业人员检修。

（5）启动缓慢。

- 检查开机自启动项是否过多，禁用不必要的自启动应用。
- 存储空间不足，进行磁盘清理。
- 系统可能正在后台进行更新或扫描，耐心等待。
- 硬盘老化或存在坏道（机械硬盘）。对于 SSD，检查其健康状态。

11.2 系统运行与性能问题

问题现象：应用程序闪退、无响应（卡死）；系统整体运行卡顿、反应迟钝；风扇噪音过大、转速异常；PC异常发热。

可能原因及解决方案

(1) 应用问题。

- 闪退/无响应：尝试强制关闭该应用（通过任务管理器或长按应用图标选择关闭），然后重新打开。确保应用是最新版本，且与鸿蒙 PC 系统兼容。清除应用缓存或数据（谨慎操作，可能丢失应用内数据）。如果问题持续存在，尝试卸载重装该应用。
- 特定场景卡死：记录在何种操作下出现问题，是否与特定文件或外设相关。

(2) 系统资源不足问题。

- 任务管理器：学会使用鸿蒙 PC 的任务管理器（或类似资源监控工具）。通过它查看 CPU、内存、磁盘、网络的使用率，找出占用资源过高的进程。对于可疑或卡死的进程，可以尝试结束它。
- 关闭不需要的后台应用程序和服务。

考虑升级硬件（如增加内存条）。

(3) 系统过热与风扇问题。

- 确保 PC 散热口通畅，没有被灰尘堵塞或被物品遮挡。

- 避免在高温环境下长时间运行高负载程序。
- 使用散热底座（笔记本）。
- 如果风扇持续异响或不转，可能是硬件故障，需送修。
- 检查是否有恶意软件在后台大量消耗资源导致发热。

（4）系统文件损坏或驱动问题。

- 运行系统检查工具（如 SFC 扫描，如果鸿蒙提供类似功能），尝试修复系统文件。确保驱动程序（尤其是显卡、声卡、网卡）为最新且兼容的版本（通常通过系统更新获取）。
- 恶意软件感染：使用安全软件进行全面扫描。

11.3 硬件与外设连接问题

问题现象：USB 设备（U 盘、鼠标、键盘）无法识别；蓝牙设备连接失败或频繁断开；外接显示器无信号或显示异常；打印机无法工作。

可能原因及解决方案

（1）USB 设备问题。

- 尝试更换 USB 端口。
- 将 USB 设备连接到其他电脑上测试是否正常。
- 检查设备管理器中是否有未知设备或带黄色感叹号的驱动程序。尝试更新或重装驱动。
- 重启 PC。

（2）蓝牙设备问题。

- 确保蓝牙已开启，设备电量充足且处于配对模式。
- 清除 PC 和设备上的配对信息，重新配对。
- 减少无线电干扰。

（3）外接显示器问题。

- 检查视频线连接是否牢固，线材本身是否损坏。
- 确认显示器输入源选择正确。
- 更新显卡驱动程序。
- 调整 PC 的显示设置（分辨率、刷新率、多显示器模式等）。

(4）打印机问题。

- 检查打印机电源和与 PC 的连接（USB 或网络）。
- 确保安装了正确的打印机驱动程序（鸿蒙 PC 可能通过系统更新或打印机厂商网站提供）。
- 检查打印队列是否有卡住的任务。
- 查看打印机状态（是否缺纸、卡纸、墨盒/碳粉不足等）。
- 驱动程序：鸿蒙系统对硬件驱动管理方式不同。通常，系统更新会解决大部分驱动兼容性问题。如果遇到特定硬件问题，可以检查设备制造商是否提供针对鸿蒙系统的支持信息。

11.4 网络连接问题

(详细内容请参考第十章"网络高级设置与故障排除")

简要提示

- Wi-Fi 无法连接/断流:检查密码、路由器状态、信号强度、干扰、驱动等。
- 无法访问特定网站:检查 DNS、浏览器设置、防火墙、网站本身是否存在故障。
- 网速慢:测试网速、检查带宽占用、重启网络设备、联系 ISP。

11.5 软件兼容性与安装问题

问题现象：某个应用程序无法在鸿蒙 PC 上安装；安装后无法启动或运行不稳定、功能不全。

可能原因及解决方案

（1）应用不兼容鸿蒙系统。

- 确认该应用是否有专门的鸿蒙版本，优先从华为应用市场下载。
- 部分为其他操作系统（如 Windows）设计的传统桌面软件（.exe 文件）通常无法直接在鸿蒙 PC 上运行（除非鸿蒙 PC 提供了特定的兼容层或虚拟机技术，但这需要官方明确支持）。

对于安卓应用，鸿蒙 PC 的兼容性策略决定了其运行效果。

- 系统版本要求：应用可能需要较新版本的鸿蒙系统才能运行，检查并更新您的系统。
- 依赖库或组件缺失：应用运行可能需要特定的系统组件或运行库。通常应用安装包会包含，或系统会自动处理。
- 安装包损坏或来源不可信：尝试从官方渠道重新下载安装包。
- 权限不足：安装或运行应用可能需要管理员权限。

- 与现有软件冲突：尝试在干净的环境下（如卸载可疑冲突软件后）安装。

> 📢 **注意**

鸿蒙 PC 的生态系统仍在发展中，软件兼容性会逐步提升。关注华为官方和应用开发者的适配信息。

11.6 数据丢失与恢复问题

问题现象：误删了重要文件；因格式化、病毒攻击等导致数据不见了。

可能原因及解决方案

（1）误删文件。

- 检查回收站：这是第一步。如果文件在回收站中，可以直接还原。
- 从备份恢复：如果您有定期备份的习惯（如使用系统备份工具、云空间同步、移动硬盘备份等），这是最可靠的恢复方式。
- 数据恢复软件：作为最后的手段，可以尝试使用专业的数据恢复软件对数据进行恢复；发生数据丢失后，应立即停止对该磁盘的写入操作，以增加数据恢复的可能性。

（2）因格式化、分区丢失、病毒等导致的数据不可访问。

这种情况通常比较复杂，建议寻求专业数据恢复服务机构的帮助。自行操作风险较高。

11.7 如何获取官方支持与帮助

当您遇到无法自行解决的问题时,可以寻求华为官方的支持:

- **华为客服热线/在线客服**:通过电话或华为官网、我的华为 App 等渠道联系在线客服,描述您的问题。
- **华为官方支持网站**:访问华为消费者业务官网的支持页面,通常可以找到针对您设备型号的常见问题解答、用户手册、驱动下载(如果适用)、服务中心查询等。
- **华为服务中心**:如果是硬件故障或需要专业检测,可以将 PC 送到附近的华为官方授权服务中心。
- **官方社区/论坛**:在华为花粉俱乐部等官方社区发帖求助,与其他用户和技术人员交流。

技巧:利用系统日志或诊断工具

在向技术支持人员描述问题时,如果能提供系统日志文件或运行诊断工具后生成的报告,将有助于他们更快地定位问题。鸿蒙 PC 可能会在"设置"或"特定工具"中提供生成此类信息的功能。

本章提供了一些常见问题的处理思路。重要的是保持冷静,按步骤排查,并善用已有的资源和官方支持渠道。通过不断学习和实践,您将能更从容地应对使用鸿蒙 PC 过程中可能出现的各种挑战。

第四部分

生态展望与资源：鸿蒙 PC 的无限可能

第十二章

鸿蒙生态应用精选：
拓展您的应用体验

鸿蒙 PC 的魅力不仅在于其操作系统自身的良好特性，更在于其背后不断壮大的应用生态。一个丰富的应用生态能够满足用户在办公、创作、学习、娱乐等多方面的需求。本章将为您推荐一些在鸿蒙 PC 上表现优异或具有代表性的应用，并指导您如何持续发现更多优质应用，进一步拓展您的鸿蒙 PC 体验边界。

12.1 办公与生产力应用推荐

高效办公是 PC 的核心诉求之一。鸿蒙 PC 正积极与主流办公软件厂商开展合作，持续优化应用体验。

WPS Office 鸿蒙版

WPS Office 鸿蒙版包含 WPS 文字、WPS 表格、WPS 演示和 PDF 工具。与非鸿蒙适配版本相比，WPS Office 鸿蒙版针对系统特性进行了优化，启动速度和运行流畅度更优，同时深度集成鸿蒙分布式能力，支持与手机/平板 WPS 的无缝文件流转及协同编辑；结合小艺 AI，提供智能写作、表格处理、演示辅助等功能（见图 12-1）。

图 12-1

飞书/钉钉鸿蒙版

飞书/钉钉鸿蒙版作为流行的企业协作与即时通信平台,提供聊天、会议、文档、日程、审批等一体化办公解决方案。与非鸿蒙适配版本相比,鸿蒙版在消息通知、多设备协同(如会议流转)、文件共享等方面体验更优(见图12-2)。

图 12-2

XMind(思维导图)

XMind 作为专业的思维导图和头脑风暴工具,可帮助用户梳理思路、规划项目,提供流畅的绘图体验和云同步功能(见图12-3)。

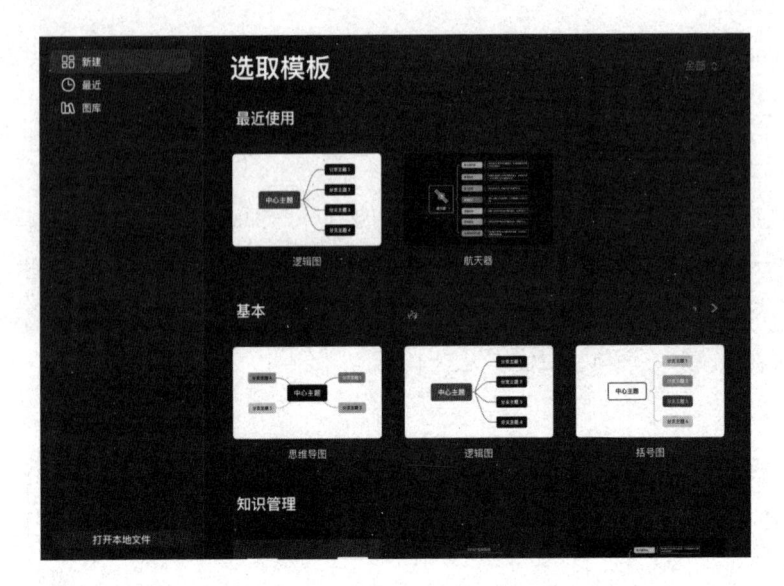

图 12-3

12.2 创作与设计应用推荐

对于内容创作者和设计师,鸿蒙 PC 也在逐步引入实用的工具。

剪映 PC 鸿蒙版(视频编辑)

剪映 PC 鸿蒙版作为简单易用的视频剪辑软件,适合制作 Vlog、短视频等内容。鸿蒙版优化了性能,并利用分布式能力简化手机素材导入流程,实现跨设备素材的一键拖曳和调用(见图 12-4)。

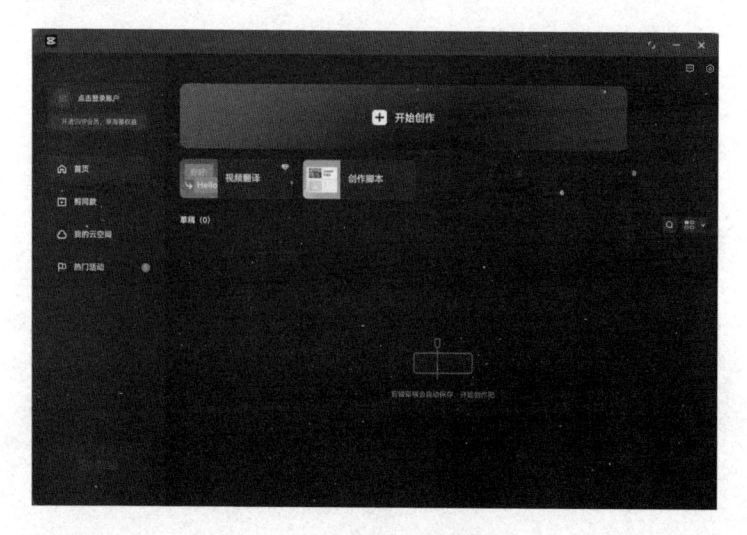

图 12-4

美图秀秀鸿蒙版(图片编辑/美化)

美图秀秀鸿蒙版作为流行的图片美化和社交分享工具,以界面简洁、滤镜丰富、操作便捷著称（见图 12-5），无论是日常照片修饰，还是创意海报制作，都能轻松满足用户多样化的图片处理需求。

图 12-5

中望 CAD 鸿蒙原生版（工业设计）

中望 CAD 鸿蒙原生版作为国产 CAD 软件，可用于二维和三维设计。已有报道显示，中望 CAD 2025 鸿蒙原生版已在华为应用市场上架。意味着专业工具正逐步完成对鸿蒙系统的适配。若有需要，可前往华为应用市场搜索"中望 CAD"或至中望官网获取。

12.3　学习与教育应用推荐

鸿蒙 PC 也是学习和知识获取的优质平台。

- 喜马拉雅（知识学习平台）：提供丰富的课程、有声书、讲座等学习资源。鸿蒙 PC 客户端带来更适配大屏的学习界面和多端同步体验（见图 12-6）。

图 12-6

- 有道翻译（语言学习工具）：提供词语查询、翻译、在线课程等功能。鸿蒙版支持屏幕取词、跨应用翻译等便捷操作（见图 12-7）。

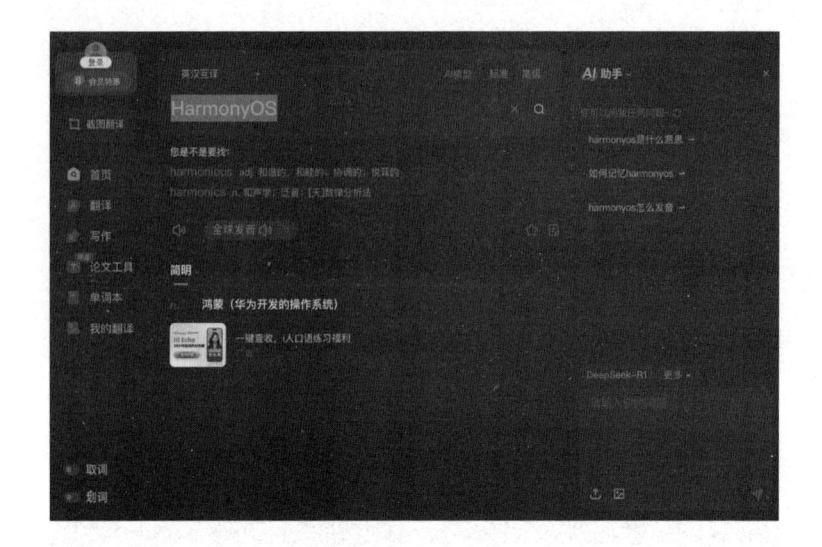

图 12-7

12.4 生活与娱乐应用推荐

工作学习之余，鸿蒙 PC 同样能满足您的生活娱乐需求。

哔哩哔哩

哔哩哔哩作为主流长短视频平台。其鸿蒙 PC 客户端或 Web 版提供大屏观影体验，支持弹幕互动、倍速播放、视频下载等功能（见图 12-8、图 12-9）。

图 12-8

图 12-9

影视娱乐

在鸿蒙 PC 上也可以直接刷抖音视频了,更高清,观看体验更好(见图 12-10)。

图 12-10

第十二章　鸿蒙生态应用精选：拓展您的应用体验

爱奇艺

广受用户喜欢的爱奇艺 App 也已经上架应用商店，可以通过爱奇艺 App 观看热播电视剧、4K 影片、综艺节目等（见图 12-11）。

爱奇艺-在人间 幻境谜局
赵丽颖尹昉疗愈多重人格

32万个评分	年龄	排行榜	开发者	语言	大小
4.7 ★★★★★	12+ 岁	#4 娱乐	QIYI	ZH +2种语言	83.1 MB

新功能　　　　　　　　　　　　　　　　　　　　版本历史记录
1.《在人间》《向阳·花》《护宝寻踪》《人生若如初见》《亚洲新声》《与恐龙同行》《黄沙漫步》　　3 天前
《种地吧第 3 季》等正在热播　　　　　　　　　　　　更多　　　　版本 16.5.5

预览

4K Videos
4K 影片

TV Guide
周边精彩视频

图 12-11

12.5 工具与其他实用应用推荐

一些实用的工具类应用能让您的鸿蒙 PC 操作更得心应手，如夸克浏览器/Edge 浏览器（第三方浏览器）、FileZilla（FTP 工具，见图 12-12）、Snipaste/Flameshot（高级截图工具）、印象笔记（见图 12-13）、ishot（高级截图工具，见图 12-14）。

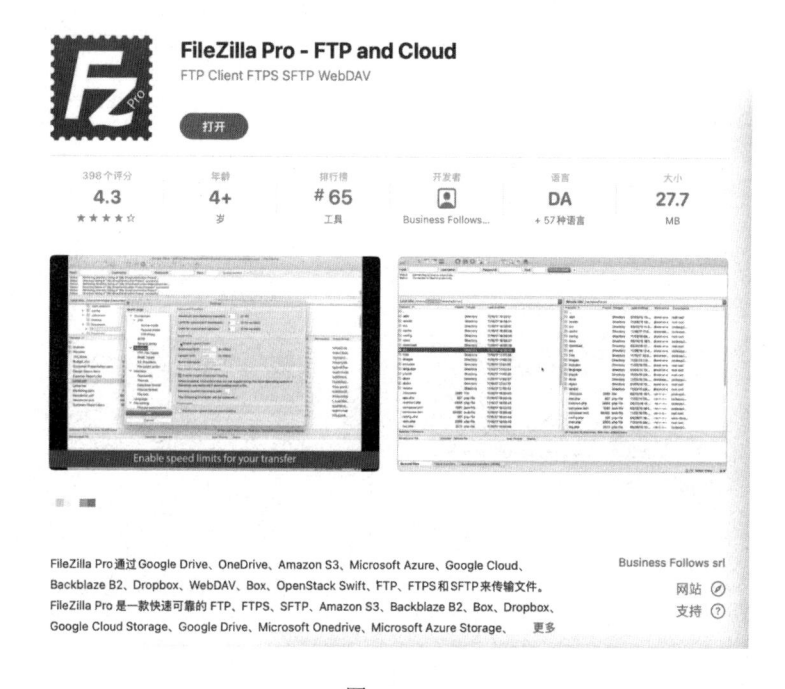

图 12-12

第十二章　鸿蒙生态应用精选：拓展您的应用体验

图 12-13

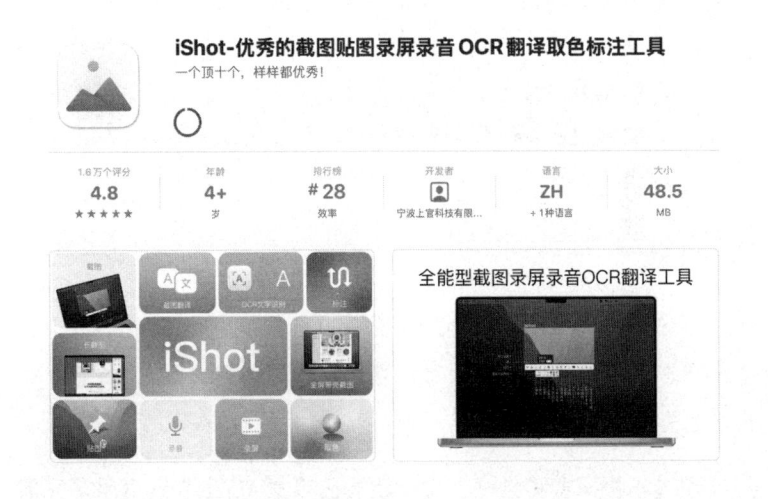

图 12-14

12.6 如何发现更多优质鸿蒙应用

随着鸿蒙生态的持续壮大,应用数量和质量都会得到不断提升。若想发现更多优质应用,您可以:

- 勤逛华为应用市场:关注"编辑推荐""新品首发""专题榜单"等板块。
- 阅读科技媒体和评测:许多科技网站、数码博主会推荐和评测优质的鸿蒙应用。
- 参与鸿蒙社区:在花粉俱乐部等官方或非官方社区,用户会分享自己的使用心得和推荐应用。
- 关注应用开发者动态:一些知名的应用开发者会公布其产品适配鸿蒙的计划。
- 关键词搜索:如果您有特定需求,则可直接在华为应用市场搜索关键词。

📢 注意

官方信息显示,鸿蒙 PC 计划在 2025 年底支持超过 2000 个融合生态应用(信息来源:太平洋电脑网和东方财富网),这意味着应用生态正在快速扩展中。

通过积极探索和尝试,您一定能在鸿蒙 PC 上发现满足多元需求的优质应用,让您的数字生活变得更加丰富多彩。下一章,我们将一同展望鸿蒙 PC 的未来,并了解如何参与这一充满活力的生态。

第十三章

鸿蒙 PC 的未来与社区：共建共享新生态

鸿蒙 PC 的发布不仅是一款新产品的面世，更是鸿蒙全场景智慧生态战略中的里程碑式进展。它标志着国产操作系统在 PC 领域迈出了坚实的一步，也为用户带来了全新的选择。本章将与您一同展望鸿蒙操作系统及鸿蒙 PC 的未来发展，并介绍如何参与这个充满活力的社区，共同见证和推动这个新兴生态的成长。

13.1 鸿蒙操作系统版本迭代与未来展望

鸿蒙操作系统发展历程回顾

鸿蒙操作系统（HarmonyOS）自 2019 年正式发布以来，已完成数次重要的版本迭代。

- HarmonyOS 1.0（2019 年）：最初主要应用在智慧屏等 IoT 设备中用于验证分布式技术和微内核架构。
- HarmonyOS 2.0（2020 年-2021 年）：开始扩展到智能手机、平板、手表等更多设备，标志着"1+8+N"战略的全面落地。在这一版本中，分布式能力得到进一步增强，如多屏协同、超级终端等功能开始普及。
- HarmonyOS 3.0（2022 年）：持续优化分布式体验，提升系统的流畅性、安全性，并引入原子化服务、万能卡片等创新交互。
- HarmonyOS 4.0（2023 年）：华为开发者联盟信息显示，该版本着重强化了智能互联能力，在多屏跨设备投屏等功能上实现了技术突破，并新增 AI 交互。
- HarmonyOS NEXT（HarmonyOS 5）：这是鸿蒙发展的一个关键节点，国内市场版本不再兼容安卓应用（又称"纯血鸿蒙"），旨在构建更纯粹、更流畅、更安全的操作系统体验。搭载 HarmonyOS 5 的鸿蒙 PC 亮相，标志着鸿蒙正式进入桌面操作系统领域。根据华为官网介绍，HarmonyOS 5 具备全栈自研架构与原生体验，画面更精致，小艺助手更全能，互联更便捷，数据安全保障更全面。

鸿蒙操作系统的未来展望

基于鸿蒙 OS 的持续进化和华为的全场景战略，我们可以对鸿蒙 PC 的未来作如下期待：

- 更强大的 AI 能力：AI 将更深度地融入操作系统和应用中。小艺助手更智能，可理解更复杂的指令，提供更主动的服务。AI 在办公、创作、学习等场景的赋能更显著。例如，更自然的语言交互、更精准的内容生成、更高效的数据分析等。
- 更无缝的全场景协同：设备之间的连接将更即时、更稳定，协同的场景将更丰富。例如，PC 与汽车、智能家居设备的联动可能带来创新体验。分布式文件系统、分布式任务管理等底层技术将进一步成熟，抹平设备之间的界限。
- 更繁荣的应用生态：随着开发者工具的完善和激励政策的推出，预计会涌现出更多高质量的鸿蒙原生 PC 应用，覆盖更广泛的专业领域和娱乐需求。对现有 Windows 生态应用的兼容方案（如云电脑、虚拟机或转译技术）或均可进一步优化。
- 更极致的性能与安全：随着鸿蒙内核的持续优化和对国产硬件的适配，鸿蒙 PC 的性能有望进一步提升。在安全隐私方面，鸿蒙操作系统将继续强化从内核到应用全链路的防护能力。
- 更开放的生态合作：华为可能会与更多硬件厂商、软件开发者、行业伙伴合作，共同推动鸿蒙 PC 生态的发展，甚至在开源鸿蒙（Open Harmony）的基础上，催生更多形态的鸿蒙 PC 产品或解决方案。

- 行业定制与创新：鸿蒙 PC 凭借其分布式、自主可控等特性，可能在教育、金融、政务等特定行业获得更多应用，并催生出基于新形态硬件（如报道中提及的 HUAWEI MateBook Fold 非凡大师折叠屏 PC）的创新交互模式。

13.2 参与鸿蒙社区：与开发者和用户共成长

一个健康发展的生态系统离不开活跃的社区活动。作为鸿蒙 PC 用户，您可以通过多种方式参与社区活动。

- 华为花粉俱乐部（My HUAWEI App/Web）：这是华为官方用户社区，设有鸿蒙操作系统专区、鸿蒙 PC 产品专区等。您可以在这里分享您的鸿蒙 PC 使用心得、技巧和感受，反馈在使用中遇到的问题或提出改进建议，参与官方组织的活动、内测招募等，并与其他用户交流，互相帮助解决问题。
- 华为开发者联盟社区（developer.huawei.com）：虽以开发者为核心，但也提供丰富的鸿蒙技术文档、最新动态和讨论区。如果您对鸿蒙的技术细节感兴趣，可以在此深入学习。
- 社交媒体平台：在微博、B 站、知乎、酷安等平台上，有许多关于鸿蒙和华为产品的讨论群组、话题和 KOL。关注这些渠道可以获取一手资讯和用户评价。
- 参与线下活动：华为或其合作伙伴可能会组织用户体验会、新品发布会、技术沙龙等线下活动，为您提供与其他用户及官方人员面对面交流的机会。

通过积极参与社区活动，您不仅能及时获取帮助、解决问题，还能为鸿蒙生态的完善贡献力量。您的每一个反馈和建议，都可能成为推动鸿蒙进步的动力。

13.3 为鸿蒙生态贡献力量：开发者机遇

鸿蒙生态的繁荣，核心在于应用。对于有开发能力的个人或团队而言，鸿蒙 PC 的出现带来了新的机遇。

- 一次开发，多端部署：鸿蒙提供的开发工具和框架（如 ArkTS 语言、DevEco Studio IDE）支持一次编码，即可将应用部署到手机、平板、PC、智慧屏等多种鸿蒙设备上，极大降低了开发成本和复杂度。
- 新兴市场与蓝海空间：作为一个新兴的 PC 操作系统平台，其在应用商店中的竞争相对较小，优质创新应用更易脱颖而出。
- 政策与资源支持：华为通常会为鸿蒙开发者提供丰富的文档、教程、开发工具、技术支持，以及可能的激励计划和市场推广资源。
- 国产化替代趋势：在特定行业和领域，对国产操作系统的需求日益增长，为鸿蒙原生应用开发者提供了广阔空间。

如果您对鸿蒙应用开发感兴趣，则可访问华为开发者联盟网站，了解更多关于开发工具、API 文档、教程和开发者计划的信息。

13.4 保持学习，探索更多鸿蒙 PC 的奥秘

技术在不断进步，鸿蒙 PC 的功能和体验也在持续优化。作为用户，保持一颗好奇心和对学习的热情至关重要。

- 关注官方动态：留意华为官方发布的系统更新日志、新功能介绍、使用技巧等。
- 阅读专业评测与教程：科技媒体和数码爱好者会不断分享关于鸿蒙 PC 的深度评测和高级教程。
- 动手实践与探索：不要害怕尝试新功能，多动手操作，挖掘那些隐藏在系统深处的便捷设置和高效用法。
- 与人交流：在社区中与其他用户讨论，互相学习，共同进步。

鸿蒙 PC 代表着一种新的可能，一个由中国科技力量主导构建的 PC 生态。它不仅是一款产品，更是一个开放、协同、不断演进的平台。希望本书能为您打开这扇通往全场景智慧世界的大门，陪伴您在鸿蒙 PC 的探索之路上走得更远、更精彩。

附 录

A. 常用快捷键汇总

熟练掌握快捷键是提升鸿蒙 PC 操作效率的重要方式。合理运用这些快捷键，能让系统操作、窗口管理、文本编辑等日常任务变得更加流畅、高效。以下是一些常用快捷键的分类汇总。

快捷键	功能说明
Ctrl + C	复制
Ctrl + X	剪切
Ctrl + V	粘贴
Ctrl + Z	撤销
Ctrl + Y（或 Ctrl + Shift + Z）	重做（恢复撤销的操作）
Ctrl + A	全选（如文本、文档等）
Ctrl + S	保存当前文档（在支持的应用中）
Ctrl + P	打印当前文档（在支持的应用中）
Ctrl + F	在当前应用或文档中查找
Alt + Tab	在打开的应用程序窗口之间切换
鸿蒙键	打开开始菜单/启动器
鸿蒙键 + D	显示桌面/最小化所有窗口
鸿蒙键 + L	锁定电脑屏幕
Delete	删除选定项（移至回收站）
PrtScn1（Print Screen）	全屏截图到剪贴板
Alt + PrtScn	截取当前活动窗口到剪贴板
鸿蒙键 + Shift + S	启动区域截图工具
音量+/音量−/静音键	控制系统音量（通常为键盘上的专用键）
亮度+/亮度−键	控制屏幕亮度（通常为键盘上的专用键）

注意

具体的快捷键可能因鸿蒙操作系统的版本更新或特定应用的设定而有所调整。建议在应用内的"帮助"或"设置"菜单中查找对应的快捷键列表。

B. 常见问题解答（FAQ）

1. 问：鸿蒙 PC 可以安装和运行 Windows 的 .exe 应用程序吗？

答：通常情况下，鸿蒙 PC（尤其是 HarmonyOS NEXT 版本）不直接支持运行 Windows 的 .exe 应用程序，需依赖鸿蒙自身的应用生态和格式。未来可能通过以下几种方式间接使用部分 Windows 应用：①应用开发者推出鸿蒙原生版本；②通过虚拟机软件（如果鸿蒙 PC 支持且有相关适配软件）；③使用云电脑服务远程访问 Windows 桌面和应用；④特定的兼容层技术（需官方支持）。目前，用户主要依赖华为应用市场获取鸿蒙原生应用和已适配的兼容应用。

2. 问：我的华为手机如何与鸿蒙 PC 快速建立多屏协同连接？

答：需要确保手机和鸿蒙 PC 都登录了同一个华为账号，并开启了蓝牙和 WLAN（Wi-Fi）。常用的快速连接方式有：①**靠近发现**：将手机靠近鸿蒙 PC，鸿蒙 PC 上可能会自动弹出连接提示；②**碰一碰连接**：如果您的手机和鸿蒙 PC 都支持 NFC 且鸿蒙 PC 上有"华为分享"或碰一碰感应区，则将手机 NFC 区轻触 PC 感应区即可；③**扫码连接**：在鸿蒙 PC 上打开多屏协同相关应用或功能，可能会显示一个二维码，用手机上的"智慧视觉"或对应功能扫描即可；④**控制中心/超级终端**：在手机或鸿蒙 PC 的控制中心或超级终端界面，找到对方设备图标，单击进行连接。

3．问：鸿蒙 PC 的系统更新是自动完成的吗？如何手动检查更新？

答：①鸿蒙 PC 通常支持自动更新配置，您可以在系统"设置"->"系统和更新"（或类似路径）中配置是否在 WLAN 环境下自动下载更新包，以及是否在夜间闲时自动安装。②若要手动检查更新，只需进入同一设置界面，单击"检查更新"按钮即可。建议保持系统为最新版本以获得最佳体验和安全性。

4．问：我忘记了鸿蒙 PC 的登录密码怎么办？

答：如果您忘记的是华为账号的登录密码，并且之前已绑定了安全手机号或安全邮箱，则可在登录界面单击"忘记密码"按钮，之后按照提示通过手机验证码或邮箱链接重置密码。如果您忘记的是本地账户密码（系统支持纯本地账户且已设置），且没有设置密码提示或恢复盘，则可能需要重置系统（会导致数据丢失）。因此，强烈建议使用与云服务关联的华为账号登录，并牢记密码，同时设置好安全手机号和安全邮箱。

5．问：鸿蒙 PC 的电池续航表现如何？如何延长电池使用时间？

答：电池续航因鸿蒙 PC 的型号、配置、使用场景和设置而异。若要延长电池的使用时间，可尝试以下操作：①适当降低屏幕亮度；②开启节能模式；③关闭不使用的后台应用程序；④不使用时关闭蓝牙、Wi-Fi（如果不需要网络）；⑤避免在电池供电时运行高负载任务（如游戏、视频渲染）；⑥定期检查电池的健康状况（如果系统提供该功能）和应用耗电排行，有针对性地优化设置。

6. 问：鸿蒙 PC 上的小艺助手需要联网才能使用吗？

答：小艺助手的部分核心功能，如本地应用控制、系统设置调节、简单的离线语音识别（如"打开计算器"）等不需要实时联网也能使用，但许多高级 AI 功能，如实时在线信息查询（天气、新闻）、复杂语义理解、云端知识库问答、在线翻译，以及需要调用云端 AI 模型进行的内容生成（如文档摘要、PPT 大纲）等，通常需要稳定的网络连接才能实现。官方提及的"无须联网就能调用 AI 功能"，主要指部分基础 AI 能力或端侧 AI 模型，复杂和实时更新的功能仍依赖网络支持。

C. 术语表（Glossary）

- HarmonyOS（鸿蒙操作系统）：华为开发的一款面向万物互联时代的全场景分布式操作系统，旨在为不同设备提供统一、流畅的交互体验。
- 分布式技术（Distributed Technology）：鸿蒙操作系统的核心技术之一，能将多个物理分离的设备在系统层面虚拟融合成一个"超级终端"，可实现能力共享和无缝协同。
- 微内核（Micro Kernel）：一种操作系统的内核架构设计。鸿蒙操作系统采用微内核设计，理论上具有更高安全性、更低延迟和更灵活的模块化部署能力。
- 多屏协同（Multi-screen Collaboration）：鸿蒙生态的一项重要功能，支持 PC 与手机、平板等设备实现屏幕内容共享、文件拖拽、键鼠控制、应用接续等深度互动。
- 超级终端（Super Device）：鸿蒙操作系统提供的可视化交互界面，能将附近的鸿蒙设备汇聚到一处，通过简单的拖曳实现设备间的快速连接和能力组合。

- 小艺（Xiaoyi）：华为的智能语音助手，深度集成在鸿蒙操作系统中，可提供语音控制、信息查询、AI 辅助等服务。
- Dock 栏/任务栏（Dock/Taskbar）：鸿蒙 PC 用于放置常用应用快捷方式、显示运行中应用和系统状态的区域。
- 原子化服务/万能卡片：鸿蒙操作系统的轻量化服务形态，不需要安装完整 App 即可获取核心功能，并能以卡片形式在桌面呈现和交互。鸿蒙 PC 应用同样借鉴了此理念。
- "1+8+N"战略：华为的全场景智慧生活战略，其中"1"是指手机，"8"是指鸿蒙 PC、平板、智慧屏等核心设备，"N"是指泛 IoT 设备。
- WLAN（Wireless Local Area Network）：无线局域网，通常指 Wi-Fi 网络。
- SSID（Service Set Identifier）：无线网络的名称，即您在搜索 Wi-Fi 时看到的网络名称。
- DHCP（Dynamic Host Configuration Protocol）：动态主机配置协议，网络中的设备通过该协议自动获取 IP 地址等网络配置信息。
- DNS（Domain Name System）：域名系统，负责将网站域名转换为 IP 地址。
- VPN（Virtual Private Network）：虚拟专用网络，用于在公共网络上建立加密连接，保护数据安全或访问特定网络。
- NFC（Near Field Communication）：近距离无线通信技术，鸿蒙设备间的"碰一碰"连接常利用此技术实现。
- TEE（Trusted Execution Environment）：可信执行环境，一种安全的硬件区域，用于处理敏感数据和执行安全的关键操作。

结束语/致谢

感谢您耐心阅读完《零基础学鸿蒙 PC：新一代国产操作系统》。我们衷心希望，通过本书的引导，您已对鸿蒙 PC 的基本操作、核心功能、特色体验及生态潜力有了全面且深入的了解，并能自信地开启您的鸿蒙 PC 探索之旅。

鸿蒙 PC 不仅是一款搭载了创新操作系统的个人电脑，更承载着构建全场景智慧生活、推动国产操作系统发展的使命。从流畅精致的界面交互，到便捷高效的多设备协同，再到不断进化的 AI 智能服务，鸿蒙 PC 正致力于为用户带来全新的数字体验。掌握它，意味着您能更高效地处理工作、更便捷地管理数字生活、更畅快地享受娱乐时光，并有机会率先体验到未来万物互联的雏形。

技术的进步永无止境，鸿蒙生态也在持续发展和完善之中。我们鼓励您保持探索的热情，积极尝试新功能，参与社区交流，将本书所学应用到实际操作中，不断挖掘鸿蒙 PC 的更多可能性。愿鸿蒙 PC 能成为您数字世界中的得力伙伴，为您的生活和工作注入新的活力与智慧。